LOCUS

LOCUS

LOCUS

LOCUS

touch

對於變化，我們需要的不是觀察。而是接觸。

touch 66

給力

矽谷有史以來最重要文件

NETFLIX 維持創新動能的人才策略

POWERFUL

Building a Culture of Freedom and Responsibility

作者：珮蒂・麥寇德 Patty McCord

譯者：李芳齡

責任編輯：吳瑞淑

封面設計：許慈力

校對：呂佳真

出版者：大塊文化出版股份有限公司

台北市10550南京東路四段25號11樓

www.locuspublishing.com

電子信箱：locus@locuspublishing.com

讀者服務專線：0800 006 689

TEL：(02) 8712 3898

FAX：(02) 8712 3897

郵撥帳號：18955675

戶名：大塊文化出版股份有限公司

法律顧問：董安丹律師、顧慕堯律師

總經銷：大和書報圖書股份有限公司

地址：新北市新莊區五工五路2號

TEL：(02) 8990 2588　　FAX：(02) 2290 1658

初版一刷：2018年9月

初版四刷：2019年1月

定價：新台幣320元

Printed in Taiwan

矽谷有史以來最重要文件

NETFLIX

維持創新動能的人才策略

給力

POWERFUL

BUILDING A CULTURE OF FREEDOM AND RESPONSIBILITY

NETFLIX 任職 14 年人才長、網飛文化集共同創作者

珮蒂・麥寇德 PATTY MCCORD 著　李芳齡 譯

謹以本書獻給我的父親
——我認識的第一位真正領導人

目錄

推薦序

拋棄傳統管理思維，打造高效能團隊

萬惡的人力資源主管（作家）

講到那些世界頂尖的高科技企業，我們很容易就會想到 Google、Apple、Facebook……然後，我們也或多或少讀過這些公司為了在知識密集的時代裡競逐最優秀的人才，除了一流的薪資以外，還必須提供的各式各樣「基本配備」：豪華的辦公室、米其林主廚進駐的員工餐廳、健身房、花園、洗衣間、帶寵物上班……彷彿沒有了這些，公司就會流失人才，進而喪失競爭力。

但是 Netflix 差不多從來不談這些東西，卻不影響他們在劇烈變化的網路世界中生存。

因為從事人力資源管理，我聽過很多關於 Netflix 的故事。最有名的就是這家公司的給薪特休假沒有上限，如果員工能將自己的工作做好，在不違反相關法律的情況下，為什麼不讓員工決定自己一整年的休假計畫？另外，這家公司沒有績效獎金制度，只要一開始找到對的人、給了對的薪水，公司不需要仰賴績效獎金才能激勵員工，因為最能激勵員工的，應該是有意義的工作內容本身。談到對的人，Netflix 認為公司應該要聚焦於未來需要的人才，果決地揮別過去有貢獻但未來不再對組織有價值的員工；談到對的薪水，他們歡迎員工經常去外面面試其他工作機會，這樣才能確保公司支付的是市場上真正具競爭力的薪資。

除了這些故事（讀完這本書你會確定，這些故事都是真的）以外，珮蒂．麥寇德會告訴你，年度績效評量作業、為了招聘員工所發的簽約金、員工投入度調查、績效改善計畫……這些傳統人力資源單位會進行的工作，往往只是浪費時間與資源，不會得到預期的效果。

只有這些嗎？這本書還有更多談論如何建立高效能團隊的觀點：我們是球隊而不是一家人、只雇用成熟的大人、追求自由與責任……身為人力資源工作者，同時也是帶領部門的主管，這是一本吸引人、有趣、會讓我反省很多事情，而且認為非讀不可的好書！

推薦序

不相信自己可以創造或改變公司文化的人，別看這本書！

嚴曉翠（利眾公關董事長）

我常在臉書跟朋友們分享我的閱讀。

朋友們除了從分享的文字中了解我對每一本書的觀點之外，更愛看我翻拍分享書中內容的照片，因為他們想知道我在哪一段文字畫線加眉批，做為他們也找來看時的參考重點。這本書我可能無法分享照片給朋友們，因為幾乎每一頁我都有畫線做記號的地方，那等於整本書都要翻拍了。

聽到這裡，你一定很期待吧！

但是，

我其實是擔心這本書應該會賣不好的！

因為，適合讀這本書的人只有，

相信自己可以創造或改變公司文化的人！

企業文化是由組織內的人所形成，領導者希望建立什麼樣的文化，就要讓既有的夥伴以及找來的夥伴，都相信且實踐相同的行為價值，否則就會破功。而這當中，執行長跟人資長扮演非常關鍵的角色。

本書作者在 Netflix 擔任人才長（chief talent officer）十四年，而她自己以及 Netflix 執行長哈斯汀並沒有把她定位成一般常見的人資主管，她更像是 Netflix 的策略發展主管。我猜想，她跟 CEO 兩人對發展 Netflix 特有的組織文化應該是樂在其中吧！

有別於許多大型企業，作者自建 Netflix 內部龐大的招募團隊而不是委外給獵人頭公司，而且她要求所有用人單位的主管，都要上課學習並且加入人才招募工作。我認為要學習的不是Netflix不委外這個點，而是全員都有招募責任的態度。這應該才是Netflix內部文化不同於其他矽谷公司的關鍵。

作者許多觀點很一針見血，且說法大膽。書中許多對組織員工的看法，我在台灣現在的環境絕對不敢公開這樣說。例如：

「公司不是家庭而是球隊！」

「公司本來就應該不斷找進會幫球隊打勝仗的隊員，並且不斷淘汰現在不適合這支球隊的成員！」

很驚悚吧！但你不得不承認，這似乎也沒錯！

作者從企業文化談起，再慢慢帶進人資工作中的許多重要面向，包括招募、薪酬的思維，也談到考評制度的問題，以及如何讓不適任的員工離開。

你先別期待這不就是人資工作的重點，想買來當人資操作工具書。不！完全沒有喔！這是一本觀念書，沒有操作SOP。作者希望打破你的傳統觀念，傳遞她認為Netflix為什麼成功的核心思維。

你也別期待買書來研究並照做之後就會成功，因為成功率也沒那麼大！

作者也說了，很多離開 Netflix 的主管到其他公司並無法施展這套心法，甚至還被該公司同事討厭呢！

我知道你或許開始翻白眼想說，那妳到底是不是推薦啦？我前面就說過，這本書是給相信自己可以創造或改變公司文化的主管。所以你如果有這樣的信念，有這樣的職務機會，而且想要讓你的企業文化不同。就先耐著性子把整本書看完（因為閱讀過程你會一直說這不可能、那不可能）；然後開始試試其中可以先在你的組織推動的項目。我相信，即便這樣小試，都可能為你的組織帶來改變。

前言

一種新的工作模式
——促進自由與責任

某天，Netflix（網飛）公司的主管會議上，我們突然發現，再過九個月，美國網際網路寬頻流量將有三分之一由 Netflix 占據。我們已經連續三季每季成長約三〇%，在當時，我們仍然想著，Netflix 最終可能成長到像HBO那麼大，但那得等到許多年後。我們的產品主管快速計算了一下，若我們繼續保持目前的成長率，一年內將需要多少頻寬，他說：「你們知道嗎？那將是三分之一的美國網路寬頻流量。」這時我們全都看向他，異口同聲說道：「什麼？」我問他：「公司裡有人知道如何確保我們能應付得來嗎？」他以公司一貫期望的誠實態度回答：「我不知道。」

我在 Netflix 主管團隊待了十四年，這十四年間，我們經常面臨類似這樣，因成長帶來的技術與服務面大挑戰，有時情況甚至艱巨到攸關存亡。沒有什麼教戰手冊可資參考遵循，我們必須臨場應變。我進入 Netflix 時，這家公司才剛剛創立，但打從那時起，我們的業務性質和我們的戰場就持續飛速演進，我們的商業模式、驅動我們服務的技術，以及我們所需要的執行團隊，必須做得更多，而不能只求跟上這些演進的變化，我們必須預測變化，前瞻地研擬策略，為預測的變化做準備。我們必須招募具有全新領域專長的優異人才，靈活地重組我們的團隊；我們也必須隨時準備好拋棄原定計畫，承認錯誤，擁抱新路徑。公司必須恆常不斷地改造自己：首先是設法一方面維持我們的郵寄 DVD 租片業務的生存，同時學習如何推出與經營串流服務；接著，把我們的系統移到雲端；後來又開始自製原創節目。

本書不是有關於 Netflix 發展史的回憶錄，而是一本為所有層級的團隊領導人撰寫的指南，探討如何建立高績效文化，以應付現今商業快速變化帶來的挑戰。Netflix 或許是一個特別顯著的例子，但所有公司——從新創事業到巨型企業，全都必須變成優異的調適者，有能力預測新的市場需求，能夠抓住重要機會和新技術，否則，競爭將更快速淘汰它們。現在，我為世界各地的許多公司提供顧問服務，這其中有像智威湯遜廣告（J. Walter Thompson）之類的大型藍籌股公司，有 Warby Parker、HubSpot，與印度 Hike Messenger 之類快速成長中的新秀，也有一些羽翼未豐的新創公司，我看到了更寬廣的挑戰場景，生動且鮮明。我驚訝地發現，不論什麼領域、發展階段與規模的公司，它們面臨挑戰的基本問題都非常相似，也非常急迫，所有公司都想知道相同的東西：它們該如何創造一些自己的 Netflix 魔咒？更確切地說，它們該如何在自家公司打造出令 Netflix 如此成功的那種敏捷、高績效文化？這就是本書探討的主題：如何從 Netflix 公司身上汲取啟示，把我們在 Netflix 發展的理念與實務應用於管理你的團隊或公司。

我們在 Netflix 公司所做的一切都正確嗎？不，差得遠呢。在 Netflix，我們犯過錯也跌過跤，有些還是在眾目睽睽之下栽跟頭呢。我們也不曾在應付挑戰上有過重大的「啊哈」頓悟時刻，我們是經由漸進調適，演進出一種新模式：我們嘗試新東西，犯錯，再度嘗試，看到好結果。最終，我們打造出一種支持調適力及高績效的獨特文化。我絕不會說應付快速變化帶來的挑戰是容易之事，但好消息是，我們發現，反覆教誨與灌輸人們一套核心行為，給予他們實踐那些行為的寬限空間（其實是要求他們必須展現這些行為），可以打造出非常有活力且主動積極的團隊，這樣的團隊是把你的公司帶往目的地的最佳驅動力。

我在書中穿插了有關我們在 Netflix 遭遇挑戰的故事，部分是為了讓本書更生動，並增添有趣性，同時也因為這些故事可說明如何實踐我們發展出的方法。你將會發現，這本書有某種程度的反傳統，我希望你會認同，對於一本探討顛覆傳統的書籍來說，這是很自然的事。Netflix 文化的支柱之一是絕對誠實，這是生長於直話直說的德州的我從小到大都喜歡的一種態度，若你看過我張貼於線上的談話，就會發現，坦率直言是我的說話風格，在本書中，我也這麼做。請把閱讀此書想成像在參與一場熱烈辯論，你可能會被我說的一些話激怒，抗拒其中的一些觀點，但我也希望你對我提出的其他觀點，心有戚戚焉地點頭。我在 Netflix 公司歷經許多激烈辯論，那些經驗使我深刻感受到，沒有什麼比暢所欲言的智性辯論更有趣的事了，我深切希望閱讀本書也是有趣的體驗。

員工有能力，不要減損它

採行我在本書中所提實務的第一步是：擁抱顛覆傳統慣例的管理心態。關於如何在現今的商業環境中獲致成功，我們在 Netflix 學到的基本啟示是：二十世紀發展出的那種繁複累贅的人員管理制度，根本不適用於公司在二十一世紀面臨的挑戰。Netflix 創辦人瑞德・哈斯汀（Reed Hastings）、我和管理團隊的其他人決定，我們將探索並發展出徹底不同的人員管理模式——能夠讓員工充分發揮能力的新管理模式。

我們希望所有員工強力挑戰與質疑我們，也挑戰與質疑彼此；我們希望他們當著彼此的面，當著管理團隊的面，坦率說出意見與問題，毫無拘束地提出異議；我們不希望任何層級的任何員工把重要洞見及疑慮埋在心中。Netflix 的高級主管團隊以身作則地示範：我們使自己可親可近，我們鼓勵質疑，我們進行公開、熱烈的辯論，並確保所有經理人知道，我們希望他們也這麼做。瑞德甚至發動主管團隊成員之間的辯論。我們也誠實地、持續地溝通公司面臨的挑戰，以及我們將如何應付這些挑戰。我們希望所有員工了解，變化是個常數，我們將做出為了高速前進而必不可少的計畫變更及人事變革。我們希望我們的員工擁抱必要的改變，並且興奮地推動變革。我們了解到，在顛覆破壞日趨快速的世界，最成功的組織將是那些每一個團隊的每一個人都了解一切都在不停地改變中、並且認為這是好事的組織。

為建造這樣的公司，我們致力於創造高度團隊合作及創意解決問題的文化。我們想要員工不僅不畏挑戰，還因為挑戰而天天懷著興奮之情來上班。這並不是說在 Netflix 工作不常感到極度害怕，我們必須做出一些躍入未知數與未知領域的決策，這通常令人高度提心弔膽，但也令人興奮。

Netflix 文化並不是透過發展一個繁縟的人員管理新制度而打造出來的，我們的做法恰恰相反，採行的是持續廢除政策與程序。我們認知到，盛行的建立團隊與人員管理的方法已經過時，一如顛覆破壞加速時代之前的產品創新方法也已經過時，必須以敏捷、精實、顧客導向的方法取而代之。一般企業並非沒有做出種種嘗試以謀求改善管理，但它們的嘗試大都文不對題或產生反效果。

多數公司緊緊抓住由上而下決策、指揮與控管的既有制度，但試圖藉由「促進員工投入（engagement）」及「對員工賦能（empowerment）」來提升活力。動人、但誤導的「最佳實務」點子充斥坊間：根據年度績效考評來決定獎金與薪資；推出種種大型人力資源方案，例如近年間狂熱盛行的終身學習方案；鼓勵建立袍澤感，為員工提供樂趣；為表現差的員工提供績效改進計畫。提倡者及信仰者認為，這些做法對員工賦能，伴隨而來的是員工投入度提高，工作滿意度提高，員工變得更快樂，進而產生高績效。

我以前也相信這個。我的人力資源職涯始於昇陽電腦公司（Sun Microsystems），繼而轉任寶蘭軟體公司（Borland Software），我在那些公司推行種種傳統實務，在協商談判中端出誘人獎金，盡責地領導我的人力資源團隊做好令人畏懼的績效考評工作，指導經理人如何使用績效改善流程。我在昇陽電腦公司推行多元方案時，甚至花了十萬美元舉辦源於墨西哥的「五月五日節」（Cinco de Mayo）慶祝活動。但是，歷經時日，我看到的是，這些政策與制度非常花錢、花時間、又沒效果，更重要的是，我發現它們是基於對人類的錯誤假設：多數人必須被激勵，才會真正投入他們的工作；他們很被動，必須被告知該做什麼、去做什麼。諷刺的是，基於這些假設而發展出來的「最佳實務」既未能有效激勵人們，也無法對人們賦能。

固然，對工作投入的員工或許能夠有更優秀的績效表現，但員工投入度往往被當成最終目的，而不是以提升客服和達成成果為最終目的；有關於員工如何及為何投入工作的普遍觀點忽視了工作熱情的真正驅動因子。至於賦能，哎，我根本上討厭這個名詞。這個概念是出於良善意圖，但事實是，之所以會出現這麼多對「賦能」這個主題的關心，基本上只是因為普遍的管理方法減損或拿走了員工的能力。我們並不是刻意減損員工的能力，我們只是把一切過度加工，對員工綁手綁腳，使他們無法發揮能力。

在我進入更混亂雜湊的新創企業界後，有了深切的新理解：員工有能力，公司該做的不是對員工賦能，而是提醒員工，他們有能力，並且創造能夠讓他們發揮能力的環境。這麼做，你將會驚訝於他們的傑出表現。

像管理事業創新那樣地管理員工

在本書中介紹我們在 Netflix 公司發展出的另類管理方法，我將挑戰現今管理制度與方法的所有基本前提：管理就是要建立員工忠誠度，留住人才，建立資歷發展途徑與架構，以確保員工投入與滿意。這些全都不正確，這些全都不是管理階層該做的事。

我的激進主張是：企業領導人的職責是建立能夠準時展現優異績效的優秀團隊。這才是管理階層該做的事。

在 Netflix，我們廢除近乎所有迂腐的政策與程序。我們不是一舉除去這些，我們試驗性地做，循序漸進，歷經多年，我們以相同於管理 Netflix 事業創新的方式來發展 Netflix 文化。我了解，如此徹底的改造，在一些公司根本不可行，而且，許多團隊領導人無法自由地廢除公司的政策與程序。但是，每一家公司和每一個經理人可以自由地制定那些我們用以灌輸一套核心行為、進而使 Netflix 文化變得高度靈活的實務。

自由與責任的紀律

廢除政策與程序，給予員工主動權，這絕非是指變成自由放任的文化。在去除繁文縟節的同時，我們教導所有層級和所有團隊的所有員工遵守一套基本行為。我常說，我雖把「政策」與「程序」這兩個詞彙從我的詞典中除去，但我愛紀律。在我的整個職涯中，我和工程師非常處得來，因為工程師非常、非常有紀律。當工程師開始對一個你試圖實行的流程發出抱怨時，你就應該認真探究是什麼令他們惱怒，因為他們痛恨沒道理的繁文縟節和愚蠢的流程，但他們對紀律一點也不感冒。

不論是團隊文化或整個公司文化的改造，最重要而必須了解的一點是：這不是簡單聲明一套價值觀及營運理念就行了，你必須明確指出你希望變成一貫實務的行為，並且培養實際這麼做的紀律。在 Netflix，我們充分且一貫地向所有人溝通我們期望大家遵守的行為，這些行為從主管團隊和每位經理人做起。瑞德首先製作有關於這些行為的一份 PowerPoint 投影片，我和許多其他的管理團隊成員也對此做出貢獻，後來，這份文件被稱為「網飛文化集」（Netflix Culture Deck），你可能閱讀過。

幾年前，瑞德把這份文件張貼於網站上時，他沒料想到這份文件會被廣為瀏覽，至今超過一千五百萬點閱人次（編按：迄二〇一八年八月已超過一千八百萬次）。我們當初並不是為了對外傳播而製作它，我們把它當成一份公司內部文件，用它來向新進人員溝通 Netflix 文化，使所有人員清楚我們期望他們如何表現行為與運作。我們也強調，這份文件不僅列示我們對他們的期望，也列示他們應該對我們有何期望。「網飛文化集」並不是一舉寫就的，撰寫人也不是只有瑞德和我，它是我們在打造公司文化過程中從實際體驗與調適所獲得的體認，有來自公司所有層級領導人的貢獻。閱讀「網飛文化集」是閱讀本書時的一項很棒的補充材料，我撰寫此書的原因之一是，在我的顧問工作及演講中，很多人詢問有關於「網飛文化集」，以及如何實行它提出的概念。

經過仔細思考，我歸結出我們學到如何在團隊中灌輸這些原則與行為的啟示。Netflix 公司採行及「網飛文化集」上列出的這些實務，並非全都適用於每個團隊或公司，縱使在 Netflix 內部，各部門的文化也有許多層面上的差異，例如，行銷部門的運作在很多方面迥異於工程團隊的管理。但是，有一套核心實務是文化的基礎：

- 我們希望坦誠、清楚、持續地溝通該做的事以及面臨的挑戰，不僅在經理人本身的團隊裡如此，整個公司亦然。

- 我們希望員工展現絕對誠實：及時、且最好是面對面向彼此和我們陳述事實。
- 我們希望員工提出堅信、以事實為根據的意見，熱烈辯論它們，嚴謹檢驗它們。
- 我們希望員工的行為與行動以顧客及公司的最佳利益為導向，而非為了證明自己是對的。
- 我們希望我們的經理人帶領他們的團隊為未來做準備，確保每一項職務由具備合適技能的高績效者擔綱。

我們要求從高階主管團隊到以下所有層級的經理人全都以身作則展現這些行為，也向他們領導的團隊成員示範如何擁抱這些行為。

要所有團隊根據這些要求運作，似乎不是容易達到的境界。我撰寫此書過程中交談過的不少 Netflix 人告訴我，他們曾經排斥其中某些實務，例如面對面地向團隊人員提出完全誠實的反饋意見。但他們也憶及，他們強迫自己這麼做之後，他們看到團隊人員對這些誠實意見做出積極反應，團隊表現顯著進步。要領在於循序漸進，你可以先從小處做起，持續擴大，找一個你認為特別適合你的團隊及事業問題的實務，從這個實務開始行動。至於高階領導團隊，可以從一個你們認為最合適或最需要變革的部門或團隊著手。打造文化是一種演進過程，可以把它想成一個探索的實驗旅程，我們在打造 Netflix 文化時就是這麼想的。從哪一步做起，不要緊，要緊的是踏出第一步。在當今商業環境的變化速度下，最佳行動時刻就是現在。

1 最佳激勵是對成功做出貢獻

——把員工視為成熟的成年人

當每個團隊成員都知道他們朝向什麼目的地，並且願意竭盡全力勇往直前時，就建立起一支優異團隊。優異團隊不是靠獎勵誘因、程序和紅利津貼打造出來的，打造優異團隊的方法是：招募成熟、一心想要接受與應付挑戰的人才，清楚且持續地向他們溝通他們所面臨的挑戰是什麼。

現今普遍抱持的管理理念是：若你想要員工展現高生產力，你得先用獎勵誘因去激勵他們，並確保他們知道你在監督他們，以使他們當責。許多公司訂定部門目標、團隊目標和個人目標，有制式的年度績效考評來評量這些目標的進展或達成度。這種瀑布式組織架構很有邏輯，很合理，但現在已經非常不適用。告訴員工：「若你做X，你就會獲得獎酬Y」，這是假設組織環境處於靜態系統中；但現在沒有任何一個企業身處靜態系統裡。從更根本上來說，獎勵固然很好，但最棒的獎勵莫過於為應付一項挑戰做出顯著貢獻。

我是目標導向的鐵粉，但問題在於達成目標的一般管理方法非常不正確。通常，管理者訂定的時間框架，以及用來領導團隊和監督成果的複雜組織架構，使目標變得更難以達成。

優異團隊喜歡挑戰

為新創事業提供顧問服務時，最令我興奮的是和那些創業資金瀕臨用罄、面臨艱巨挑戰的人共事。要應付這類艱巨挑戰，才能鍾鍊出真正優異的團隊；要歷經艱難，必須用力深掘之時，才能鍛鍊出優異團隊。招募人才時，我尋找的是那些對我們公司必須解決的問題非常感興趣的人。你會希望你的員工在早晨醒來時，心想：「天哪，這很困難，我要做這個！」我認為，這才是最棒的激勵誘因——提供一個必須應付的好問題，有合適的同仁去應付這個問題。我信奉的箴言之一是：「問題發掘者，他們平凡得很！」大多數人會認為，在公司裡，這是一個很重要的角色：我就是那個發現問題的人！是，你發現了問題，很好，但你解決問題了嗎？公司需要的是非常喜愛解決問題的人才。

Warby Parker 的共同創辦人尼爾．布魯曼泰爾（Neil Blumenthal）和戴夫．吉爾寶（Dave Gilboa）告訴我，現在，打造這家公司的工作特別有趣，因為如今他們推出實體店面，事情變得非常複雜，他們必須把實體店面和線上服務的體驗整合起來，這是一項困難挑戰。難怪這個品牌如此成功，有些公司的領導人可能安於已達成的成長，但這兩位領導人興奮於面對更困難的挑戰。

詢問任何一位成功人士，在他們職涯中最喜歡的往事，他們一定會向你述說早年的奮鬥，或他們曾經克服的艱難挑戰。我曾經和 Netflix 前產品創新副總、轉往線上教育平台 Coursera 擔任產品長的湯姆．魏勒（Tom Willerer）聊過這個話題，我問他，在幫助 Coursera 發展的工作中，他喜愛什麼。魏勒眼神亮了起來，開始敘述他的團隊達成一項極艱難壯舉的故事。那個會計年度之初，Coursera 的主管團隊決定，公司必須在這個會計年度把營收提高一倍，魏勒和他的產品團隊決定，為達成此目標，他們要在那年九月之前推出五十種新課程，他稱此為「萬福瑪利亞的長傳」（Hail Mary pass，奮力一搏）。新課程推出日的兩週前，他們仍然沒把握能夠順利推出這些課程，但最終他們做到了，而且，這個策略成功奏效，公司獲利立刻飛升。魏勒告訴我，他加入一家他甚至不確定五年後是否還存在的公司，係因為他「渴望爬一座山」。他說：「我有時覺得，這麼做，彷彿我將失去一條胳臂或一條腿，但我認為值得，因為我做的是重要、能夠為世界做出貢獻的事，這就是驅動人們的動力。」我對此再認同不過了，我相信，這是多數人強烈渴望他們的工作帶給他們的感覺。

我當年加入 Netflix 的原因，就是想幫助建立一家能為員工提供這種機會的公司，儘管，我當時原本想著，不要再任職於一家新創公司了。

一九九七年某天凌晨兩點，電話鈴聲響起時，我心想，這一定是瑞德．

哈斯汀打來的，除了他，沒有人會在凌晨兩點打電話給我。

電話那頭，他說：「妳在睡覺嗎？」我回答：「嗯，那還用說嗎，我是正常人！什麼事？」

瑞德是那種有了好點子就顧不上睡覺這種小事的人，我在他的新創事業 Pure Software 與他共事時，他經常在三更半夜和我分享他的好點子。賣掉 Pure Software 後，他重返校園，我自己則是創立了顧問公司，我們居住於同一個城市，保持密切聯絡。

他在電話上告訴我，他打算和人一起創立 Netflix，我說：「聽起來似乎是不錯的事業行動，但你為何要在凌晨兩點告訴我這事？」

他問我要不要加入他的行列，我回他：「不要。」我在 Pure Software 和他共事愉快，但我已經受夠了那些瘋狂的起起伏伏和瘋癲的工作時間，再者，我也看不出一家小小的 DVD 郵寄租片公司要如何成功，難不成，Netflix 能夠把百視達（Blockbuster）擠下台嗎？

可是，瑞德說：「要是我們能夠創立一家我們兩人都喜歡任職的公司，那不是很棒嗎？」這下，我有點興趣了。當年進入 Pure Software 工作時，那公司的模式已經確立了，現在有機會從無到有地創造一個新模式，這滿吸引我的。

「要是我們真這麼做的話，你如何知道它會很棒？」我問他。

「噢，我希望天天到公司，和這些人一起解決這些問題，」他說。

我喜歡這樣的精神，我認為瑞德的這句話表達了人們最想從工作中獲得的：能夠和一群他們信賴且欣賞的人共事，瘋狂地聚焦於一起做一件很棒的工作。

政策與組織架構無法預測需求與機會

檢視過去十幾年間最成功的公司，你會發現，這其中有許多是團隊以高度通力合作及有機模式運作的網際網路公司。我所謂的「有機」，指的是它們的事業目標、它們分配時間與資源的方式，以及它們聚焦的問題和解決問題的方法，全都不斷地因應事業及顧客的需求而調整。它們是持續成長與改變的有機體，不是被既定的目標、人員或預算束縛的僵化組織。

加入 Netflix 之前，我任職於瑞德的 Pure Software 公司，那是我的第一份新創公司工作，我感覺自己像是死了，上了天堂。我喜愛高能量且強烈專注於創新，身為人力資源部門主管，我當時仍然推出公司政策與程序，但也已經開始對傳統慣例心生懷疑。這家公司的規模遠小於我以往任職過的公司，因此，我學到更多有關於企業的基本事實，也得以更加了解員工。自從和軟體工程師們變得熟悉、尤其在觀察他們的工作情形後，我了解到，「愈多人員可以形成愈好的團隊」這個概念是錯的，從 Pure Software 的團隊以及矽谷其他公司的身上，我看到了小而靈活的團隊效能。

企業界的尋常成長方式是增加更多員工和組織架構，施加更多固定預算的目標與限制；但是，根據我在成功擴張、快速成長型公司的經驗，最精實的流程和堅實的紀律文化遠遠更優良，就算不為別的，光是為了速度，這兩者產生的助益便遠遠更大。

後來，在Netflix，歷經一次很痛苦的大規模裁員後，我們獲得了一項驚人發現。二〇〇一年時，我們必須裁員三分之一，當時，網路公司泡沫已經破滅，經濟衰退接踵而來，我們瀕臨破產，情況很慘烈。接著，那年耶誕節，DVD播放器價格大跌，成為人們選購禮物的熱門品項，我們的業務大增，這下子，我們必須用裁員後剩下的三分之二人力來處理兩倍的工作量，既然不能招募新員工，只能動員大家協助把DVD裝入郵寄信封袋。迅速新增的顧客太多了，我們沒有足夠存貨，必須把所有盈餘拿來購買更多產品，但公司裡的每個人卻更加快樂。有一天，我和瑞德共乘他的車子去上班，在車上，我對他說：「為什麼會這麼有趣呢？我現在都迫不及待想上班，晚上不想下班，我們工作得很辛苦，但感覺很棒。難道是因為我們正在做的事嗎？」瑞德說：「咱們來弄清楚看看怎麼回事。」

我們首先獲得的一大發現是，裁員後剩下的員工都是效能最佳者，這使我們學到一點：你能為員工做的最棒的事，是只招募高績效者進來與他們共事，這遠勝過為他們購置手足球桌、或免費供應他們壽司、或發給他們大筆獎金或股票選擇權。有優異的同事，有明確目標，有清楚明瞭且可以做得到的成果：這是很給力（強而有力）的組合。

當我看到啟示

瑞德和我及主管團隊決心探索，如何維持我們的團隊在公司業務快速擴張之時，展現的創造精神和卓越的表現水準，因為我們即將要快速招募人員，我們想確保 Netflix 能維持其人員組成具有的超高才能密度——那些靈敏地陪伴我們走過谷底的高績效者所展現的高商數。我們開始有系統地探索如何鬆綁員工，讓他們得以發揮最佳表現，但同時也提供他們適量的指引及反饋，以使他們保持在軌道之上，但又能在必要時做出顯著改變。

我就是在這段期間更深入學到有關於高績效創新的驅動因子。這是我身為主管團隊成員的職涯中，首次直接參與產品研發工作，這項軟體產品技術含量高又複雜，跟 Pure Software 公司的產品一樣。Netflix 是一家娛樂公司，我本身是電影狂熱者，同時也是個顧客（我經常對工程師這麼說，讓他們很頭痛），我對於如何開發產品產生了高度興趣。我們非常熱中於Ａ／Ｂ（對比）測試、嚴謹實驗、公開辯論什麼東西對產品有益，在產品開發過程中，若某個東西行不通，就得除去它，我認知到，我們也可以把這原則應用於人員管理方面。

我了解，大型團隊的創新能力和行動速度之所以差，原因之一是，大型團隊難以管理，公司得建立種種基礎架構與制度來確保員工做正確的事。但是，我看到的情形是，那些有優異成就的團隊其實知道它們最需要做什麼和達成什麼，根本無需詳細複雜的程序，也不用獎勵誘因。多數科技人員會告訴你，由聰穎的工程師組成的小團隊，表現將優於由勤勞賣力的工程師組成的大團隊。我開始思考：這原理僅限於工程師嗎？只因為他們很特別、很聰明嗎？在當時，儘管我喜愛工程師，但我相當討厭他們被視為特別且聰明的一群人。在我看來，所有領域、所有部門的人最希望的莫過於公司鬆綁他們，讓他們以自己認為能夠在最短時間內產生最佳結果的方式去做事，但是，他們通常被管理階層的猜疑或缺乏效率的制度束縛。我很好奇：若行銷、財務、人力資源部門的員工被解放，得以充分發揮他們的潛能呢？他們應該也會表現得像那些高績效的工程團隊吧。如今回顧起來，我就是在那時放下了傳統的人力資源主管身分，扮演起新角色：文化營運長暨人才產品首席經理。

我開始仔細檢視我們的組織架構與設計，在當時，Netflix 已經建立了各部門，瑞德和我達成一致意見，我們將盡可能把管理扁平化，以利我們的運作速度。我們注意到，在那次大裁員中裁掉許多中階經理人後，沒有了那些層級的意見與審核，所有員工的行動都加快了。於是，我們思考，倘若把政策及程序也廢除，員工的行動可能會更快，達成更多的事。我們像分析產品那樣，分析每一個被公認為無庸置疑的東西和最佳實務，經常出現的情形是，瑞德提議除去某個東西，而那聽起來太瘋狂了，以至於我必須燒腦思考。但是，隨著不斷嘗試，我們持續獲得好結果。以我們廣受媒體報導的「年假隨你休」政策為例，我們告訴員工，他們可以自行決定需要休假多少天，只要和他們的經理討論他們的需要就行了。你猜結果如何？員工就跟以往一樣，夏季時休假一、兩個星期，節日時休假幾天，因為家庭需要（例如去觀看孩子的球賽）而休假。信賴員工會負責任地對待他們的時間，這是我們把力量交還到他們手中的早期步驟之一。

我發現自己喜歡丟掉傳統，我特別喜愛的時刻之一是站在員工面前，說：「我打算廢除我們的費用報銷政策，我打算廢除我們的差旅政策，我想讓你們用自己的好判斷來決定你如何花公司的錢。若結果真如律師警告我們的，災難一場，那我們就恢復舊制度。」結果，我們同樣發現，員工並沒有濫用他們新獲得的自由。我們把員工視為成熟、可以信賴的成年人，而他們非常喜愛這點。

我也開始挑戰有關於人才招募的一般做法。伴隨公司的瘋狂成長，以及事業性質的飛速變化（我們可以看出串流服務的到來），我們知道必須建立一個隨時有強勁人才供輸的組織。在當時，我想招募經理人時，外面的潛在經理人才通常想透過他們喜歡的獵人頭公司來交涉，我知道我得改變這點，我們必須在這方面更有策略。我大可以找矽谷的五家最佳獵人頭公司為我覓才及談判，但我決定捨棄這種傳統的人才招募實務，反而是在公司內部成立自家的獵人頭公司，我招募曾經任職獵人頭公司的人，為自家的獵人頭公司操盤。自此之後，我可以告訴我們的經理人：「若你失去幾個人才，沒關係，因為我們能夠快速為你找到優秀的新人。」

我們也挑戰有關研擬全公司策略及團隊策略的傳統實務。之前，我們一向的做法是研擬年度計畫，規畫年度預算，但那些流程太花時間，花費的心力也不值得，因為我們總是做錯，那些東西其實都是虛構出來的，不論我們做了什麼預測，我們知道六個月後、甚至三個月後就會證明那些預測是錯的。所以，我們乾脆不再做年度規畫了，節省下來的時間讓我們有更多餘裕去做季規畫，然後提出三季的預算規畫，因為我們認為最遠也只做得出三季的表面上預測。

我們嘗試所能想到的一切方法，使團隊免於不必要的規定與核准程序，持續有條不紊地分析哪些做法有成效，以及可以如何繼續解放員工，使他們更有創造力，更有生產力，更快樂，後來，我們把這種新工作模式稱為「自由與責任文化」。我們花費多年時間發展這種文化，並持續演進至今。我將在後面章節敘述此文化的更多部分，它們全都建立於一個認知之上——管理階層的最重要職責，是高度聚焦於建立優異團隊。招募你需要的人才，為他們提供達成目標所需要的工具與資訊，他們就會為你做出優異表現，使你的組織保持敏捷。

這種方法的成效，最近期的例證是 Netflix 把事業擴展到自製原創節目、並締造高收視與重大成功的速度。從最早期開始就擔任 Netflix 內容長的泰德．薩蘭多斯（Ted Sarandos）告訴我，對高績效者鬆綁束縛，非常有助於原創內容事業快速發展。該團隊創作的新內容每年倍增，泰德和我交談的當時，他們正在創作三十個劇本類節目，並且有十二部劇情類電影、五十五部紀錄片、五十一部獨角喜劇（單人脫口秀）和四十五齣兒童節目在製作中。不僅如此，他們還一舉同時進軍十三個國家。了不起的是，泰德的這支團隊不僅以如此快的速度創作這麼多內容，而且，這些內容類型高度多樣化。該團隊迎合觀眾的種種口味，從電視影集《王冠》（*The Crown*），到廣受喜愛、但並不叫好的情境喜劇《歡樂又滿屋》（*Fuller House*），他們甚至製作無劇本類節目，例如真人競賽節目《終極獸王》（*Ultimate Beastmaster*），參賽者來自六個國家，各自使用自己的語言。

泰德說，他的核心方法是要求他的團隊聚焦於找到有執行技巧與能力的最佳創意人才，讓這些創作者自由發揮他們的想像力。他說，這是 Netflix 和好萊塢製片公司的最大差別，讓他的團隊得以非常有效地爭取到頂尖創意人才，推出突破性的節目。令創作者喜歡的是，泰德的團隊不會對製作流程微管理，不會用沒完沒了的備忘錄煩擾他們。泰德的團隊也不使用傳統的試播制度，他們准許創作者逕行製作一整季的全集節目，他們對已經證明有能力製作節目的人才投以信心，除了給予他們充分自由度，也讓他們為節目品質當責，這使他們勇於任事。相反地，傳統的好萊塢模式要通過綠燈委員會審核投資拍攝的資格，責任過於分散。

泰德告訴我，沉浸於 Netflix 文化中，也使他自在於讓他的團隊免於受到可能加諸他們身上的約束，例如，在他們推出的第三部原創劇時，就打破了過去推出新節目的原有模式。由於他們不採行試播制，因此，決定只接受那些已經寫好劇本、且演員就緒的節目；但後來，Showtime 頻道影集《單身毒媽》（*Weeds*）的創作者珍姬．可汗（Jenji Kohan）在尚未撰寫任何劇本之下，提出《勁爆女子監獄》（*Orange Is the New Black*）影集構想，泰德及其團隊深受此構想吸引，況且，《單身毒媽》影集的成功也使他們對她深具信心，故而機敏地拋棄既有原則與模式，欣然接受。

***

想想看：若你想用管理產品的模式來管理員工，你是否也會想改變你的整個制度？若你不從最佳實務做起，而是先採取一切必要行動來生產與供應優異的最終產品給你的顧客，你會建立怎樣的制度？你難道不會希望你的人員更加敏捷嗎？你難道不希望你能夠仰賴他們的前瞻主動、走在趨勢尖端，因為他們知道必須幫你開路？你難道不想把你的全部時間與心力投注於確保他們獲得做到這些所需的資源及資訊，與他們討論面臨的挑戰，獲得他們的最佳意見與異議，而不是把時間與心力用於審核申請表單和監督他們？

我並不是說團隊不需要制定方向與指導，它們需要這些；但是，管理階層提供指示及反饋意見的方式往往非常不當或不正確。我們在 Netflix 嘗試廢除流程的同時，也試驗其他更好的溝通方式，溝通公司的方向、朝什麼目標前進，以及人員的目前表現。

摘要

- 達成團隊的最佳成就，靠的是團隊全員了解最終目標，而且可以自由有創意地解決問題，以朝此目標前進。
- 最有成效的激勵因子是和優異的團隊成員共事，大家不僅信賴彼此把工作做好，也坦率挑戰與質疑彼此。
- 經理人的最重要職責是，確保所有團隊成員都是這種能夠把工作做好、且能夠坦率挑戰與質疑彼此的高績效者。
- 公司應該以最精實的一套政策、程序、規則和審核來運作，因為絕大多數由上而下的指令會妨礙組織速度與敏捷力。
- 你可以透過持續的試驗來發掘組織的精實程度，若試驗發現某項政策或程序是必要的，那就恢復它。在持續謀求改善你的產品與服務的同時，也持續尋求調整你的企業文化。

思考問題

- 考察全公司的政策與程序時，思考：這個政策或程序的目的是什麼？它有達到既定目的嗎？
- 你的公司或團隊裡有可以廢除的審核機制嗎？
- 你公司的管理階層花多少比例的時間，在解決問題和建立團隊上頭？
- 你的公司是否對提供給員工的獎勵及津貼做過成本效益分析？
- 你的公司能否用支出型態分析取代審核及准許流程，並聚焦於準確性及可預測性？
- 你公司的決策制度是否清楚，並向員工廣為溝通？

2　所有員工都應該了解公司業務

——經常溝通公司遭遇的挑戰

當我建議盡可能廢除更多的程序及核准流程時，總是有人問我：「如何做？這怎麼可能？要用什麼取代規定、流程、審核、科層制度、准許程序？」這個問題的答案是：清楚、持續地溝通必須執行的工作的來龍去脈，告訴員工：「我們目前的處境是……我們想要達成的是……」經理人花愈多時間透明化地溝通及說明該做的工作、事業面臨的挑戰，以及競爭環境大局，政策、審核和獎勵誘因就變得愈不重要。

就算你無權廢除政策、程序、獎金、制式年度考評，你仍然可以更清楚、更坦誠、且持續地溝通事業挑戰，以及員工應該如何應付這些挑戰。這麼做可以促進更及時的績效改進，以及更敏捷地調整目標，也鼓勵員工提出疑問及分享意見，得出如何改進產品、客服和事業本身的寶貴洞察。當我本身開始深入學習及了解 Netflix 的業務時，我領悟到每一個員工充分了解公司業務的重要性。

員工想要的是學習，不是康樂活動

我任職昇陽電腦公司時，我們的人力資源部門有三百七十名員工，三百七十名！這些人幾乎全都不清楚這家公司的業務，無法說明這家公司生產什麼。我們規畫公司的人力資源新措施、舉辦外地活動、慶祝活動等等，我們是半康樂、半笑臉的人力資源人員，很有趣，但也滿空洞的，我們總是想獲得更多的敬重與賞識。

在 Netflix 開始全面參與公司的發展時，我對我的工作有了不同於以往的興奮感。當初接受這份差事時，我開出的條件是不做純粹的人力資源部門女士，我直屬瑞德，是高階主管團隊成員。這意味的是，我必須深入學習及了解公司業務的運作。在這麼做的過程中，我領悟到公司每一個員工深入了解公司業務的重要性。瑞德和我都深受傑克・史塔克（Jack Stack）和鮑・柏林罕（Bo Burlingham）合著的《春田再造奇蹟》（*The Great Game of Business*）中提出的「開卷式管理」（open-book management）概念的啟發，當 Netflix 的核心業務從郵寄 DVD 模式急遽轉變為訂閱模式時，我徹底領悟到透明化的重要性。

某天早上，瑞德和我共乘一部車去上班的路上，他熱烈地談著從單片租借服務模式改變為訂閱模式，講得口沫橫飛，興奮不已。我告訴他：「好，好，好，從你的聲音就聽出來了，你每次這樣，我就知道怎麼回事，你很確定這麼做是對的，是吧？」我知道多數員工將不會喜歡這個改變，但我也知道，瑞德不論如何都會這麼做，因為他相信這對公司事業是正確有益的。很顯然，這改變將歷經相當的痛苦，這不僅涉及改變網站條款而已，我們還必須改變出貨模式、帳務模式，以及公司的整個架構、部門、主管人員和銷售人員。我們也必須招募許多能夠建立服務訂閱者，和善用我們累積的巨量用戶資料技術能力的新人員，而在競爭這些人才方面，我們面臨最大競爭者、規模比我們大上百倍的百視達的激烈競爭。

對我而言，很棒的一點是，因為這項業務轉變非常大，我必須非常聚焦於兩件事。其一，我必須深入了解新的事業模式，以及它涉及的影響面。訂閱是一種數字競賽，只有在做出前置投資後，才會開始有收入，我因此了解到這賭注有多大。我們必須花可觀的錢去簽下第一批訂閱者，這是投資於獲取更多顧客，這些新顧客帶來的收入可供我們支應接下來的擴張。這是基本的 Netflix 模式——為了將來的收益，做出前置投資。在這個成長階段，可觀的前置投資意味著我們沒有太多時間可以慢慢搞定新事業模式。其二，由於得在緊迫時間內讓新模式上線，我必須幫助公司的每位員工了解新事業模式。在當時，我們知道的僅有包含到期日及逾期費的模式，當瑞德提議無到期日及逾期費的訂閱模式時，大家很驚慌，畢竟，逾期費猶如百視達的引擎汽油，當我們說未來不收取逾期費時，Netflix 裡的每一個人都問：「這如何行得通？」

在Netflix，我愛上了當個商人，我不想再當個笑容滿面的人力資源女童軍訓導。我也愛上溝通者角色——向公司的每位員工清楚且充分解釋決策的背後原因，說明他們可以如何為達成公司目標做出最佳參與，以及將遭遇什麼阻礙。

這樣的「啊哈」頓悟時刻，使我想起我的兒子六歲時踢足球的故事，我的先生是教練，在許多練球時刻，我都會到場，看到孩子們瘋狂搶球，鬧成一團。在前往球隊第一場比賽的途中，我問我的先生：「這場比賽，你的戰略是什麼？」他說：「我打算讓所有人同時向同一個方向推進。」我回答：「嗯，我想這個可以做到。」他又說：「不過，下半場時，他們得朝另一個方向推進。」後來，世界盃開打，我把孩子們集合在一起觀看球賽，當他們看到從球場上空空拍的比賽畫面時，他們恍然大悟：啊！原來傳球是這樣啊！

企業經營運作也一樣。員工必須從高階主管視角來看，才能確實感受與理解公司所有層級和所有團隊必須解決的問題，這樣，公司才能辨察業務每一個角落的問題與機會，並且有效行動。諷刺的是，許多公司大力投資於各種訓練方案，花非常多時間與心力去激勵與評量績效，卻未能確實向全體員工解釋公司業務的營運方式。

溝通的心跳

當然，隨著事業成長得更繁複，有關營運狀況的溝通也變得更龐雜，至於有關事業未來發展的溝通，其繁雜程度就更不用說了。思考公司領導人及人力資源主管該如何做溝通，教導所有經理人如何做溝通，而且是一貫地、持續地進行溝通，這些工作相當耗費時間，重點在於建立強勁的「溝通心跳」（heartbeat of communication），這必須透過試驗及修練。

有段期間，瑞德和我在會議室分批會見新進人員，每批十人，用 PowerPoint 投影片向他們解說，那是我們打造「網飛文化集」的伊始。我們對新進人員說：「這是提供給你們的小抄，你們應該期望彼此做到這些，也應該期望 Netflix 的管理階層做到這些。」後來，我們發展出「新進員工學院」，每一季撥出一整天，每個部門的每位領導人針對其掌管的業務重要議題與發展做出一小時的簡報說明。這個學院的構想源自 Netflix 現任內容收購／原創副總辛蒂・荷蘭（Cindy Holland），有一天，她和我在後台觀看 Netflix 主管團隊向一群投資人做事業經營簡報，她覺得她從中學到很多東西，轉過頭對我說：「我們辛苦地對一群陌生人解說這些，為什麼不對自家員工這麼做呢？」於是，我們開始推出這個學院。

Netflix 人應該會帶著難以置信的神情與口氣，回憶當年在新進員工學院汲取的資訊量，簡直就像從消防水龍帶喝水。他們在那些詳盡的簡報中聽取的資訊，包括每一個部門使用的評量指標及目標，這不僅讓員工得以深入了解公司業務，也帶領他們認識各事業部門的主管，但更棒的是，他們可以向這些人提出詢問。

確保上下雙向溝通

溝通必須是雙向的，必須讓員工也能夠提出疑問、批評和意見，理想上，應該讓他們能夠對上至執行長的所有經理人這麼做。在新進員工學院，我們在整天活動的一開始告訴學員：「能有什麼收穫，全看你們如何投入，若你們不詢問，就不會獲得答案。」我現在回顧，深切覺得這是這家公司成功的一個重要基礎，它授權所有層級的員工無拘無束地提出疑問，請求釐清，不論是關於公司期望他們去做的事，或是關於管理階層做出的某個決策。這不僅使員工更知悉與了解公司的業務，歷經時日，也在全公司灌輸好奇求知的文化。此外，經理人也往往因為某個員工提出了一個好問題而獲得重要洞察，以下舉個例子。在新進員工學院，泰德．薩蘭多斯解釋何謂內容擴窗（windowing of content），這個詞指的是劇情電影發行的傳統制度：一部電影首先在戲院上映，接著在飯店旅館房間播出，接著發行DVD，Netflix可以在此時競標其代理權。在提問與答疑環節，一名工程師詢問泰德：

「為何要採行內容擴窗這種運作模式呢？看起來很蠢。」泰德回憶，這個疑問使他當場愣住，他發現，這雖是個傳統，但他真的不知道理由，因此，他坦白回答：「我不知道。」泰德告訴我，他後來一直思考這個疑問：「這疑問使我質疑有關內容擴窗的一切，就是這個疑問，使我多年後完全自在於一次將全套影集釋出播映，儘管，過去從未有人對電視影集採行這種做法。」

絕對別低估任何層級的員工提出的點子及質疑的價值，其產生的價值可能會令你大吃一驚。

各層級員工全都能了解公司業務

我想，你大概有這樣的經驗：和你的某個團隊成員談到一項業務課題，對方的詢問令你心想：「這個人完全搞不清楚狀況！」我希望下次出現這種情況時，你會對自己說：「啊，這個人完全搞不清楚狀況，他不知道我所知道的東西，我應該向他說明。」

當我和 Netflix 的某個團隊領導人談及其底下某位成員需要更多的協助，以了解某項問題時（在事業快速變化且涉及的技術性質成分較高之下，這種情形經常發生），我有時會遭到拒絕，他們通常這麼說：「我已經向他解釋過很多次了，但他太蠢，聽不懂。」我總是這麼回答：「那就是你解釋得太複雜，難以了解。」我提供他們的原則是：把溝通當成你在向你的母親解說一般。因為多年來，當我用人力資源術語和我的母親談到我正在推動的人力資源方案時，她常對我說：「甜心，這聽起來好無聊。」她說的沒錯。

用既簡單又清楚透徹的方式，解釋業務的每個層面，這確實不容易，但這麼做的益處甚大。在提供顧問服務時，為清楚闡釋與強調這項概念，我通常問客戶公司的客服部經理：「你們自認為客服人員對公司的營運狀況了解多少？他們了解公司目前面臨的最迫切課題嗎？他們了解自己的分內工作對公司營運績效的貢獻程度嗎？我的意思是，他們真的了解自己的工作會影響公司營運績效數字嗎？」

儘管改善顧客體驗是老生常談，你可知道有多少公司在客服方面犯錯？

研究提供了很多駭人的數據。例如，有研究指出，高達七八％的顧客因為糟糕的顧客體驗而未完成購買或其他交易，① 還有研究指出，在美國，估計每年因為糟糕客服而嚇跑顧客的生意總額高達六二〇億美元。② 也有研究顯示，壞口碑的顧客體驗相較於好口碑，其傳播速度高出兩倍之多。③ 這是一

---

① American Express, "Good Service Is Good Business: American Consumers Willing to Spend More with Companies That Get Service Right, According to American Express Survey," news release, May 3, 2011, http://about.americanexpress.com/news/pr/2011/csbar.aspx.

② NewVoiceMedia, "The $62 Billion Customer Service Scared Away," NewVoiceMedia.com, May 24, 2016, www.newvoicemedia.com/en-us/news/the-62-billion- customer-service-scared-away.

③ Better Business Bureau, "Negative Reviews: A Golden Opportunity for Business," September 14, 2014, www.bbb.org/phoenix/news-events/business-tips/2014/09/negative-reviews-a-golden-opportunity-for-business/.

個大體上仍然得靠人來解決的問題，儘管現在有很多公司嘗試使用聊天機器人、預備好的常見問題集（FAQ）或即時通訊工具來提供顧客服務，最有成效的做法仍然是採用面對面或電話交涉。

凡是有客服部門的公司，都希望客服人員能高度投入，為此，第一步是教他們如何閱讀公司的損益表。通常，他們都是公司裡最後看到損益表的人，畢竟，他們大都不會在公司待太久，他們是組織階級中的最底層。但是，所有企業的成功，基本上都得靠口碑行銷來驅動，那些和顧客直接接觸的人員必須了解，他們和顧客的每一次互動，都會導致此人告訴另一個人使用或別使用這家公司的產品或服務，這種好或壞口碑是免費的。每一位客服工作者，應該打從第一天起就了解，他們為顧客提供的體驗將如何直接影響公司的營運績效，闡明這點並不困難，每家公司都計算過贏得顧客的成本，經由既有顧客口碑推薦而來的新顧客，能為公司節省這項成本，任何公司都可以和客服人員分享這類資訊，使他們了解本身工作的重要性。

當我在顧問服務中建議客戶和全體員工分享公司業務的詳細資訊時，有些客戶的回應是：只有聰慧的員工能了解這些資訊，只有機敏的員工想要這些資訊。我發現，高階主管普遍抱持一個成見，認為這是「企管碩士的玩意兒」，而「那些員工」不會感興趣或無法理解。對此，我的回答是：那就別雇用那麼愚蠢的人；但更好的做法是，別假定員工是愚蠢的，應該假定，若他們做了蠢事，那是因為他們缺乏足夠的資訊，或是取得的資訊有誤。

可是，除非較高層級的人員，其他人員不都應該別告知太多有關於公司的困難與麻煩的資訊，不是嗎？若部門陷入麻煩了呢？若公司在為一項重大新產品建立市場方面陷入困境呢？把這些資訊告訴那些員工，不會把他們嚇壞嗎？可以信賴他們，把這麼多資訊告訴他們嗎？當然，公司的一些資訊必須保密，但你絕對可以讓員工知道公司面臨的激烈競爭及重大挑戰。

多數公司鮮少和全體員工分享有關於策略、營運和成果的資訊，這一點很諷刺，因為現在的上市公司向全世界公布這些資訊，那麼為何讓那些參加法人說明會的投資人，對你公司營運狀況的了解比自家多數員工還要多？我想，若公司也對全體員工舉辦類似這樣的說明會，那將非常有助益；其實，何不乾脆讓員工也聽聽那些法人說明會呢？

若公司不讓全體員工獲得充分資訊，他們很可能會從他處獲得錯誤資訊。若你不告訴他們公司的營運狀況、公司的策略、公司面臨的挑戰，他們會從別處獲得這些資訊——從同樣資訊不靈通或錯誤的同事那裡得知，或是從最愛捏造謠言、最愛搞陰謀論的網路上獲得資訊。

團隊教練是模範，不是指導顧問、教授或表演者

太多公司花掉太多錢在制式的員工訓練課程上，要求員工從他們的工作中撥出太多時間參與這類課程，從而浪費了許多時間、金錢和心力。運動教練會告訴你，學習展現最好的成果方法，莫過於在實際比賽中練習。

不久前，我為一家我很喜愛的年輕公司提供顧問服務，該公司的員工學習與發展事務主管告訴我，他們較年輕的員工必須學習如何成為更好的經理人。我問她：「他們需要學習什麼？」她回答：「噢，他們需要成為更好的

經理人。」我說：「我的意思是，確切地說，他們需要學習哪些事？」她說：「管理。」我再問：「管理的哪個部分？」她說：「嗯，我們打算開有關於衝突管理和人際溝通方面的全套課程。」在員工訓練方面，這大概是最熱門的兩類課程，我相信這些課程幫助一些人變成更好的經理人。但是，若要我為公司全員（不論他們是不是管理階層）挑選一項課程，我會挑選最基本的：公司如何營運及服務顧客。這是員工最想獲得的資訊，因為他們知道自己能夠汲取並使用這些資訊。他們通常對如何化解衝突的課程翻白眼，更別提他們有多怨恨那些課程剝奪他們的工作時間了。

那麼，所謂的千禧世代呢？我在顧問工作中經常被問到：「妳知道嗎，我們必須以不同方式對待千禧世代，妳有何建議？」人們的印象是，千禧世代要求津貼和種種終身學習方案，因為調查顯示，他們最想從工作中獲得的是持續學習。我認為，必須以不同方式對待千禧世代的觀念完全不正確，我受不了「千禧世代」這個名詞，我認識的千禧世代也討厭這個標籤，我們應該只把他們視為處於職涯早期階段的人。是的，我們應該教導他們更多東西，但所謂的更多東西指的是有關於公司的營運。他們想要學習，這當然是好事，但話說回來，他們會不想學習嗎？這群人才剛踏出校門，正處於像海綿般想要學習一切的人生階段，你餵什麼給他們，他們都會吃。若你只餵他們零食，他們就只吃零食；若你對他們的腦袋餵食有關公司業務的「真材實料」，他們的工作投入度和貢獻度之高，將會令你感到驚訝。他們不是什麼異類，而是充滿潛力的年輕工作者。教導年輕員工如何閱讀損益表，而非教他們如何從生啤機取啤酒，或是對他們提供必須通力合作的重要計畫，而非在線上訓練他們如何通力合作，他們就會習得終身受益的技能，他們將了解到什麼才是真正的終身學習。

至於津貼及康樂活動，員工當然喜歡，誰不喜歡和同事一起享受免費披薩或雞尾酒？我就很喜歡。但是，我發現，最棒的津貼及暫時放下辛苦工作的特別時間，是讓員工有機會更加了解公司業務及顧客。Netflix 營運的早年，我們為員工提供很多學習電影業務的機會，我們當中有許多人是電影熱愛者，但我們對於電影製作或狂熱影迷文化所知不多，而且，當時，在狂熱影迷群中，Netflix 特別出名的是供應難以在別處找到的藝術電影。因此，我們帶公司全體員工去參加日舞影展（Sundance Film Festival），我們也經常帶員工前往洛杉磯聽聽著名導演、電影攝影師、剪輯師的演講。我也是公司外活動的超級熱愛者，但我喜歡的不是戶外烤肉之類的活動。我們規畫認真有料的議程，讓員工提出很多資料，提問有意義或嚴厲的質疑，激烈辯論公司的未來和競爭情勢。

二〇一六年冬季，我接到電話，受邀參加在華盛頓州東部一個觀光牧場舉辦的五百名軟體工程師研討會中演講時，我真是迫不及待想立刻跳上飛機，去和我向來喜愛的技客共度一些有意義與收穫的時光。這研討會的主題是人工智慧前景，花三天時間沉浸於思考及了解當前最可能開創新局的一項科技，將如何改變地球上的每項產品與服務，還有什麼比這更棒的呢？

你也許無法舉辦這樣的活動，或無法參加（或無法讓你的團隊去參加）這樣的活動，但你可以思考如何運用你擁有的資源，盡其所能地為你的團隊成員，提供更多對他們有助益的資訊，使他們在工作上更能幫到你。

溝通訊息必須持續更新

在Netflix，我們起初全都以為只需要製作一套投影片，然後重複使用就行了。結果，不僅每一批新進員工有不同的疑問，公司的業務性質和面臨的挑戰也不斷變化。你必須持續追蹤並更新溝通的訊息，這是一項永無止境的工作。

如何確知員工已經充分得知及了解公司業務狀況？以下是我的檢驗方法。在休息室或電梯裡，詢問任何階層的任何一個員工，公司未來六個月最重要的五件事，這名員工應該要能夠快速回答出來——第一、第二、第三、第四、第五，最理想的是，他（她）回答時使用公司向員工溝通的那些詞語，連項目順序都相同。若他（她）回答不出來或不詳盡，那就代表你公司的溝通心跳還不夠強勁。

摘要

- 所有層級的員工想要、且需要了解的，不只是他們本身被指派的工作及他們所屬團隊的任務，還有公司的業務營運狀況、面臨的挑戰，以及競爭情勢。
- 比起一般的「員工發展」訓練，幫助員工確實且充分了解公司的營運，是最寶貴、更有助益、且更有吸引力的學習，這是高績效與終身學習的火箭燃料。
- 管理階層和員工之間的溝通應該是雙向流通的，領導人愈是鼓勵員工提出疑問與建議，並且使自己可親可近，讓員工易於和領導人交流，所有層級的員工將會更願意提供出人意表的想法與洞察。
- 若你的員工似乎搞不清楚狀況，很可能是因為他們未獲得所需要的資訊，請先確定你是否對他們提供了充分必要的資訊。

- 若你不告知員工有關於公司的營運狀況及公司面臨的問題（不論好、壞、醜陋），他們將會從別處獲得資訊，而那些資訊往往是錯的。
- 溝通工作必須持續，永無止境。溝通不是一年一次、或一季一次、或一月一次、或一週一次的活動，持續不斷的溝通才是競爭的優勢命脈。

思考問題

- 你認為你公司的全體員工能夠清楚且正確地敘述公司的事業模式嗎？何不讓他們試試看，別給他們提示哦。
- 你是否把你公司的法人說明會資訊也提供給公司員工？你多常把公司的損益表資訊提供給員工？他們通常從哪裡獲得公司營運績效和競爭者營運績效的比較資料？
- 你公司的所有員工都清楚公司面臨的困難與挑戰嗎？你問過他們對於如何應付這些挑戰的想法嗎？你的公司是否有向全體員工散播資訊及討論挑戰的有條不紊流程？
- 你認為你的人員對公司事業的哪些層面了解甚少或一無所知？你是否可以請這些業務或部門的主管來向你的團隊人員解說？有沒有其他方法可資促進團隊之間或部門之間的溝通？

- 你認為你的人員清楚了解誰是顧客，以及顧客的需求及渴望嗎？你的公司是否經常與員工分享有關於顧客的研究調查資訊？你能夠促進你的團隊花些時間與顧客互動嗎？
- 若你即將舉辦一場公司外活動，你想要你的人員在這場活動中學習及辯論的最迫切課題是什麼？你該如何在這場活動中盡可能地提供最多資訊？
- 有哪些現行會議或論壇可被用來開闢一個專門時段，用以溝通更多有關公司營運脈絡的資訊？你是否經常檢討這些會議，以確保它們的成效？你是否為不同類型的溝通（例如每週的站立會議、每季的全員會議）訂定不同的議程？

3 人們痛恨被欺騙與胡謅

——全員貫徹絕對誠實

在企業界，最重要的洞察之一是：尊重人們且誠實告知真相，並不是一件殘酷的事；相反地，為了使人們相信你、了解你，唯一途徑是透明化，告知人們他們必須知道的訊息。

多數人認為，不能告訴員工或同事真相，因為：（一）他們不夠聰慧，無法了解；（二）他們不夠成熟，無法了解；或（三）這麼做不體貼。這有何不對？絕大多數人都想當個體貼的好人，想友善對待彼此，我們認為，這指的是讓彼此放心、愉快。但是，這種想使人們放心的欲望，其實往往只是我們想要做正確之事以使自己感到放心。可是，為了使人們放心而不告知真相，實際上往往導致人們感覺很糟，因為在不知道真相之下，他們無法以有效方法去解決或矯正問題，最終不免自食惡果。

做為一個成熟的成年人，其意義之一是能夠聽到真相，因此，你應該讓你公司雇用的成年員工知道真相，這才是他們最想從你那兒獲得的。

坦誠以對

在 Netflix，最重要的訓令之一是：人員彼此間坦誠討論問題，這原則可推及部屬、同事、上司。我們希望誠實原則能普及全公司上上下下。

瑞德和我之所以共事得如此愉快，主要原因之一是我們總是對彼此誠實。瑞德不僅喜歡我對他誠實，也喜歡我對公司的每一個人誠實。我以前的一位人力資源部門同事聽過許多有關於瑞德和我在 Pure Software 共事的故事，當我告訴她我即將進入 Netflix 公司工作時，她說：「什麼？妳要去另一家新創公司和野獸（the Animal）共事？」我忘了以前有時候這麼稱呼瑞德，那些年，他有時很嚴厲，但他對我有很多期望，總是對我責備求全。

展現絕對誠實於我而言猶如呼吸，這種個性與行為使我並非在每家公司都討人喜歡，我當年之所以決定從一般企業界轉往新創業界，進入 Pure Software 為瑞德工作，原因之一是我的誠實經常在一般企業裡惹上麻煩。我曾經被叫去人力資源副總辦公室，他問我：「妳是不是嘲笑工程師？」我回答：「是啊，但我是認真的！他們抱怨浴缸的熱水不夠熱，浴巾不夠蓬鬆，游泳池的水太冷。」他訓斥我：「工程師是我們最重要的資產，妳必須給他們特殊待遇！」我無法認同這個價值，如前所述，我已經受不了他們總是被當成神一般地侍奉。

面對瑞德時，情況更糟。他初次面試我時，提出的詢問之一是：「妳的人力資源理念是什麼？」我之前任職過昇陽電腦公司和寶蘭軟體公司的人力資源部門，我用流暢的人力資源行話回答：「瑞德，我認為人人都應該克制私人野心，誠信，被賦權做出貢獻。」他看著我，說：「妳說的是英語嗎？妳知道自己剛才說的話是在開玩笑，對吧？那些詞串起來都構成不了一個合邏輯的句子呢！」

我用一貫的泰然自若回答：「嘿，你甚至還不了解我呢！」

他馬上回擊：「我們這樣的談話，我要如何了解妳啊？說說看，妳將如何幫助我的公司成長？」

那天回到家，我先生問我面試情況如何，我告訴他：「噢，我和執行長吵架。」所幸，我被錄用了，然後，我很快就愛上瑞德和我之間率直的相處之道。他總是質疑我的假設，對我搬出的人力資源老套道理不以為然，這讓我感覺很棒。我感覺受到尊重，瑞德從不討好縱容我，我喜愛他總是推促我尋求新的改善之道，每當我獲致自己非常引以為傲的成果時，他總是這麼說：「是，這很棒，接下來呢？」

Netflix 文化的支柱之一是，當有人對某個員工或是對同一部門或其他部門的某個同仁所做的事有所質疑或不滿時，他們應該坦誠和此人相談，最好是面對面地談，我們不喜歡背後批評。我擔任人力資源部門主管時，常有經理人向我抱怨某個員工或另一部門的某人，我總是這麼說：「你（妳）有沒有找他（她）談呢？」

讓公司全員遵循這種透明化標準，有許多好處，其中一個好處是遏止為私利搞政治及背後中傷。我常說我討厭公司政治，公司政治不只齷齪，也非常沒效率，想想看，若我要在背後捅某人，我得去取把刀子，得等到我跟此人獨處時，得趁其不備，最好把他捅死，免得他回頭報復。這需要很多的謀畫，且涉及高風險。乾脆直接告訴此人：「你這麼做真的令我很不滿，請停止！」這樣不是更容易嗎？不過，更重要的是，誠實可以幫助人們成長，也有助於消除歧見，鼓勵人們率直說出想法。

誠實使人們學會歡迎批評

新進員工最難習慣的 Netflix 文化元素之一，是坦率分享批評，但多數人很快就領悟到這種坦誠的可貴。當我和 Netflix 的優異團隊領導人艾瑞克．寇爾森（Eric Colson）談到這點時，他告訴我，提出與接受誠實反饋意見是他的團隊運作的要素之一，而他的團隊總是有優異表現。這是從一位個人貢獻者做起的艾瑞克，能夠在不到三年內就晉升為資料科學與工程副總一職的原因之一，在進入Netflix之前，他在雅虎（Yahoo!）管理一支小規模的資料分析團隊，他回憶那裡的文化對同仁高度友善支持，不批評他們。他告訴我，進入Netflix後，起初，他收到同事的批評意見時，「很難過。有人告訴我：『寇爾森，你不善於溝通哦，當你需要向廣泛的人發出一個訊息時，你花太長的時間，說得不清不楚。』」他一開始的反應是心想：「哦，是嗎？呵，我對你也有很多看不順眼的地方！」不過，他很快就認知到：「你省思他們說的話，從他們的觀點來看，就能學到如何改進。那種率直真的很有幫助。」我在Netflix一再看到類似這樣的例子，員工起初在收到負評時不免震驚、沮喪，但很快就振作起來，不僅體會其價值，本身也開始更常且更深思熟慮地對其他同事提出負面反饋意見。

艾瑞克也告訴我一個故事，這故事更加強化我太常觀察到的一種現象：當經理人不願意對其部屬提出負評時，他們得承受為員工提供掩護的壓力，員工則是失去改進的機會。艾瑞克回憶，在雅虎時，他的一個部屬非常需要一個負面反饋意見，但他沒有坦率告知這位部屬，結果，艾瑞克必須彌補這位部屬捅出的樓子，不僅精疲力竭，對員工也不公平。「我太仁慈了，」他告訴我：「這意味著，我在很多方面是個糟糕的經理人，只會粉飾太平，根本是幫倒忙。」

練習如何坦言

在 Netflix，我們努力促使員工相信，絕對誠實提出反饋意見的價值與重要性，並教導經理人，使他們自在於向部屬坦誠提出負面反饋意見。這是我工作的一大焦點，有時候，我只是讓當事人大聲、激烈地發洩，他們詳述令他們惱怒的人的壞行為，然後，我問他們：「當你告訴她這些時，她怎麼說？」抱怨者通常這麼回答：「我哪能告訴她啊！」我回應道：「可是，你告訴我了，不是嗎？」這類抱怨者就會面露羞愧，認知到在人背後議論批評是不對的行為。接著，我們便演練如何不帶情緒地和當事人進行相同的交談，我們也討論如何向當事人舉例說明這種問題行為的影響性，並提出解方。遵循這些原則，可以使這類談話變得有建設性。

為了改進你的坦言風格與技巧，練習很重要。你可以對著鏡子演練，或是找你的配偶或朋友做為演練對象，出聲演練你要對當事人說的話，可以讓你聽聽自己的語氣，甚至可以把你說的話錄音下來，回頭聽聽看。你也應該思考你的肢體語言，因為肢體語言的作用可能更甚於語言本身的作用，我們往往完全未察覺肢體語言如何明顯地傳達了負面訊息。我的一個朋友告訴我，她去找一個溝通教練指導她如何和她的上司溝通（這個上司太難相處了，她的整個團隊難以和她溝通），教練讓我的這個朋友示範一下她通常如何和這個上司說話。看完她的示範，教練驚叫：「啊，我確信她一定知道妳對她有多惱怒！」因為我的這個朋友說話時的手勢很明顯地透露了她的不滿。教練教她在和那個上司談話時，手不要有動作，結果，光是這一點就顯著改善了她和該上司之間的溝通。

提出反饋意見時，最重要的一點是，內容必須針對行為，別針對此人的一些基本個性，例如：「你是個不專心的人」。你的反饋意見也必須有可據以行動的建議，讓對方了解他們的行為應該做出怎樣的改變。舉例而言，「你做出了很大的努力，但你做得不夠」，這個反饋意見基本上是無意義的；一個可據以行動的版本是：「我可以看出你很努力，我欣賞這點，但我注意到你花太多時間在一些事務上，因此沒能好好照料其他更重要的事務」，接下來，你可以和此人討論更好的事務優先順序安排。我曾經獲得一個非常有助益的反饋意見，可做為坦率直言與建議解方的範例。和我密切共事、經常和我一起參加會議的某人告訴我，我應該少說點話：「妳總是說太多了，害得別人沒機會表達意見。」為此，我開始自我節制，閉上嘴巴，多傾聽。

許多人猶豫於如此坦率直言，但事實上，多數人感謝有機會更加了解自己的行為以及他人對這些行為的看法，只要坦率直言者的語氣不含敵意或高傲優越感就行了。

以身作則示範誠實，人們就會見賢思齊

你希望你的所有團隊成員或上自管理高層、下至基層員工的公司全員都學習對彼此更坦率誠實，就必須樹立典範，以求上行下效。Netflix 公司高階主管團隊以種種方式示範誠實，其一是在高階主管團隊會議中練習我們所謂的「開始，停止，繼續」（Start, Stop, Continue）：每一個人告訴一個同事他（她）應該開始做的一件事，應該停止做的一件事，他（她）做得很好、且應該繼續做的一件事。我們太深信透明化的價值了，以至於在我們的高階主管團隊會議中當著所有人的面做這項練習。會議後，回到我們各自領導的團隊，告訴團隊成員，高階主管團隊剛剛做了「開始，停止，繼續」練習，並敘述詳細情形，於是，全公司開始認知到坦率誠實的重要性。「開始，停止，繼續」練習並不是一項規定，我沒有把它制定為人力資源措施，但多數主管自行這麼做，展現以身作則的力量。幾位主管告訴我，這方法在他們的團隊中一定行不通，我告訴他們：「產品及行銷部門已經在做了，似乎滿有

成效的。」一般來說，這相當有說服力。

我們也要求所有團隊領導人在管理其成員時展現絕對誠實，並教導他們如何做。我們要求他們經常對團隊成員提供反饋意見，請他們在團隊中明確訂定規範，要求員工別在背後議論批評他人，或是向他們抱怨其他同事——當然，違反道德之類的問題（例如性騷擾）除外，這類問題以保密方式處理。

蘿雪兒．金恩（Rochelle King）是個優秀的團隊建立者，她在 Netflix 從管理一支設計小團隊做起，後來成為用戶體驗及產品服務副總，管理大團隊。她回憶，一開始，她難以如此率直誠實地提出反饋，但由於這是公司的強烈要求，她別無選擇，必須學習自在於這麼做。她說：「我覺得，身為領導者，為了支持組織文化，我必須做困難的事，和我的個性格格不入的事，例如當面和人進行困難的談話。我知道這是我必須遵從的，儘管，當面和某人溝通一個問題，對我來說是非常不自在的事，但是，當這是組織文化中很重要的一部分時，你必須要求自己對此當責。公司裡有很多其他領導者這麼做的故事，所以，你也必須這麼做。」

你愈是嚴格要求坦誠溝通，以身作則示範透明化準則，它就會變成你的組織中更普及的一部分。

提供反饋機制

後來，我們決定，不僅要促進對部屬及團隊成員提供批評與建議，也要促進對全公司同仁提供反饋意見，因此，我們訂定一個制度，每年一次，對公司中的任何人提出「開始，停止，繼續」反饋意見。我們挑選一個年度反饋日，要求每一個人以「開始，停止，繼續」形式，對他們想提供反饋的任何對象發出建議。這也是我們嘗試新做法來改變與演進公司文化的一個好例子。起初，我們讓這個反饋機制採用匿名方式，但工程師就是工程師，他們對這種匿名制不以為然，嘿，公司管理階層說大家應該彼此坦率誠實，那為何這項工具卻不透明化呢，於是，他們開始在發出批評與建議的簡訊中署名。公司主管團隊覺得他們的想法與做法很有道理，於是便修改這項制度。

為了使員工了解我們真的期望他們坦誠，不要有所隱瞞，我監看他們發出批評與建議的積極程度，我不希望他們只是對幾位熟識的同仁發出一些溫和評價而已，我們想建立一個普遍透明化的平台。艾瑞克．寇爾森告訴我，他初次寫出反饋意見時，心想：若我只對幾個人發出反饋意見，珮蒂一定會對我說：「什麼？你和五十個人共事，但只對三個人提供反饋意見？」若你在組織中建立類似這樣的制度，你必須監督並要求員工確實且積極地執行。

無疑地，有些人需要歷經一些時日才能適應這種制度。艾瑞克敘述他初次做這件事時的焦慮感：「我不喜歡某位產品經理做某件事的方式，因此對他寫了一些反饋意見，我記得當時要按下發送鍵之前，猶豫地心想，天哪，他看到這個，會怎麼想我呢？這會不會惹惱他啊？

可是，第二天，當所有人獲得別人對他們的反饋意見時，出乎我意料之外地，他來到我辦公桌，說：『嘿，我收到你的反饋意見了，謝謝你，這對我很有幫助。』」艾瑞克回憶，此後，他變得很期待反饋日的到來。根據我的經驗，大約九成的人對收到的反饋意見做出類似反應，反饋意見通常引領出有益的交談，非常有助於消除積怨或疑慮。

人人有權知道公司的營運問題

在Netflix，我們把這項絕對誠實的原則，也推及到公司面臨的挑戰上。公司創立後的頭幾年，崎嶇顛簸，我們讓公司全員充分知道公司遭遇的困難，讓他們清楚公司發展的時間歷程、營運績效指標、達成目標所需做出的努力。我們想確保全體員工了解公司朝向何處發展，正在做什麼，我認知到，為此，必須讓全員非常深入了解公司面臨的營運問題與挑戰。在多數公司，沒有人擔當向全公司溝通這些資訊的職責，許多員工、甚至整個部門往往對這些一無所知，公司有時甚至因為擔心員工的反應，延遲推出重要策略及營運變革。

在Netflix，我們的感想是，在全公司建立起信任感，有助於讓員工對未來的變化做好心理準備：信任我們將前瞻地領導公司，信任我們不會對任何員工欺瞞公司必須做出的變革。當然，有時候，那些變革並不討喜。我們早期面臨的大挑戰之一，是轉型至串流服務，此前，我們一直在談論影片串流服務將是我們的未來業務，在我們變得更擅長於提供串流服務，並累積可供應內容的同時，我們非常密切追蹤用戶的習慣。當時，我們進行了許多公開、熱烈的辯論，探討這種轉型對客戶的含義，對決策困難度的透明化並不會使這些決策變得更容易，但誠實的談話使公司全員有所心理準備。一直以來的誠實談話，也使我們得以適時做出正確決策，不致因為擔心帶給員工震驚而延遲應該做出的重大決策。企業轉型固然嚴峻，會使一些員工不高興，但大家早已有心理準備，清楚預期得到即將發生什麼事。

許多公司的管理高層往往以為，讓員工知道公司事業面臨的問題將會加深員工的焦慮，其實，一無所知才更容易引發焦慮。公司反正無法保護員工免於面對艱難事實，隱瞞真相或僅是告訴他們部分真相只會招致員工不滿，覺得公司輕視他們。誠實溝通是信任的基礎，我發現，當公司只告訴員工部分事實時，員工將變得充滿懷疑，而懷疑就像癌症，會轉移為自行增生的不滿，導致愛拍馬屁，助長背後捅刀的行為。

坦誠認錯將使你獲得更好的意見

曾有人問我：「妳會因為什麼原因解雇我？」我說：「這是個好問題，讓我想想。嗯，盜用公款，性騷擾，洩漏公司機密，這些行為鐵定是要被開除的。慢著，我知道我會因為什麼解雇你了，若我們正在做事後檢討，討論哪裡出錯，你說：『噢，我知道有問題，但沒人問我』，那我大概會在停車場輾過你，因為你明明看到車來了，會撞上你，你仍然讓它發生。」

誠實對待議題的另一個重點是必須雙向，不僅公司誠實告知員工有關公司面臨的問題，也必須要求員工絕對不可對領導人或其直屬上司隱瞞問題或資訊。身為領導人，你應該以身作則，透過言行讓部屬知道你希望他們坦言，希望他們可以率直地告訴你壞消息或歧見，否則，多數人將不會完全坦誠待你。德勤顧問公司（Deloitte）對眾多產業所做的調查顯示，有七成的員工「承認對可能傷害績效的問題保持沉默」。④

比如說，你正在會議中，即將做出一項決策，一名與會的直屬部下過去幾個月一再對你說他認為這是個愚蠢的構想，但現在會議中，他還未開口。此時，你應該對他說：「我們即將做出一項你過去數月以來一直反對的決策，但你到現在還沒說半句話，你已經改變你的看法了嗎？抑或你覺得我不會聽你的意見？」你必須表現出你希望員工能夠展現的勇氣——有勇氣說：「我真的不認為這是個好主意，為什麼呢，請聽我道來。」

當然，取得來自跟你相同層級的同事或上司的意見，這是一回事，取得部屬的意見，又是另一回事。但這正是你需要的，因為你不可能事事都正

④ Mark J. Cotteleer and Timothy Murphy, "Ignoring Bad News: How Behavioral Factors Influence Us to Sugarcoat or Avoid Negative Messages" (white paper, Deloitte University Press, 2015), https://dupress.deloitte.com/content/dam/dup-us-en/articles/business-communications-strategies/DUP_1214_IgnoringBadNews.pdf, page 10.

確，被證明見解正確時心生的那種滿足感很危險。我以前很喜歡這種滿足感，喜歡結果證明自己的見解正確。當我告訴瑞德或別的主管，我認為他們決定做的事是糟糕點子，而結果證明我的看法正確時，我會沾沾自喜。有一次，瑞德發了一封電子郵件給我：「妳說的對，我錯了」，我特地把它列印出來，放進我的皮夾裡，因為我大概平均每三年才會碰上一次這種情形，所以，這對我來說可是不得了的事！但後來，有一天，我們正在談論某件事，瑞德說：「妳說的對，這件事，我錯了」，聽到這話，我並不覺得開心，相反地，我對自己感到生氣，因為我先前未能更有效地闡釋我的見解以說服他，我思忖自己先前應該如何做出更好的論述。

若領導人不僅不畏犯錯，也勇於認錯——就像瑞德那樣（他經常勇於認錯），而且是公開認錯，就能向部屬發出強烈訊息：請坦率直言！

為了使所有人坦誠說出意見，最好的方法之一，是讓人們看到那些坦率直言者不會受到任何懲罰或怨懟，瑞德就很擅長此道。我很喜歡湯姆．魏勒告訴我的一個故事，他說，有一回，在大約三十五人參加的團隊會議上，他和瑞德出現歧見。當時，Facebook 已經開始在動態消息（NewsFeed）上推出無障礙分享貼文功能，例如分享自己正在閱讀或觀看什麼，以及正在從事的活動，諸如此類。瑞德打算讓 Netflix 也加入這行列，把 Netflix 會員正在觀看什麼影片的資訊直接匯入他們的 Facebook 網頁上，湯姆認為應該讓會員自行選擇想要對外分享什麼資訊，但瑞德強烈不認同他的意見。兩人當著所有與會者的面，熱烈辯論起來，湯姆說，調查資料顯示會員想要自行選擇，瑞德同意讓湯姆及其團隊進行 A／B 測試，看看哪種方法較好。當測試結果顯示湯姆的看法正確時，瑞德公開對此團隊宣布：「我之前強烈辯論反對這種做法，但湯姆是對的，做得好。」

湯姆從這件事學到一種明智的作為，並且把這樣的智慧應用於他身為 Coursera 產品長的這個職務上，示範如何勇於認錯。他饒富趣味地向我述說另一個故事：他進入 Coursera 後提出一個重大構想，但他錯了。帶著曾任職 Netflix 的光環上任後，他堅信 Coursera 應該以全天候模式推出串流課程，讓人們可以選擇在任何時候開始課程。但是，傳授課程的教授們認為應該像一般實體大學那樣，只在學期開始時開課，他們的理由是，學生需要一個這樣的嚴格啟動與截止日期，以激勵他們持續下去，完成課程。湯姆認為那種方法過時了，強行推出一些新模式的課程，並設計了一個新穎的新介面。結果呢？的確有更多學生開始那些課程，但實際完成課程的學生反而更少了。這對 Coursera 而言是個重大問題，因為它的事業模式並非旨在提供很多課程，而是要讓人們確實學習，取得學分。那些教授說的沒錯，訂定嚴格的截止日期對於學習而言很重要。不過，湯姆並非全然錯誤，經過更多測試，該公司最終推出混合模式，每兩週開課，作業有繳交截止日，但學生知道，若他們進度落後，他們可以在兩週後重新開始。

太多公司扼殺了這種由部屬提出的誠實辯論與歧見。企業執行委員會公司（Corporate Executive Board, CEB）所做的一項研究發現，積極促進誠實反饋，並做出更多坦誠溝通的公司，其十年期股東報酬率比其他公司高出二七〇%。⑤

坦誠分享，就更難篡改歷史

透明化也有助於人們對其擁護的主張負起責任，不會在事後陷入交相指責——至少，這種情形將明顯減少。人們總是喜歡事後諸葛，自吹英明，對他人誇說「我早就告訴你了吧」，但這對解決問題非但毫無幫助，反而有害。

Netflix 歷經過的最大失敗之一，是決定把 DVD 租片服務（我們稱之為 Qwikster）和串流服務（續用 Netflix 這個品牌名稱）區分開來，以同時增加這兩項業務的訂閱率。消息一出，簡直如同火車出軌事故，顧客憤怒極了，不出一個月，我們就撤銷此決定，重回原軌，並發出公開道歉聲明。我不會在這裡扯謊說，當時公司內部沒有人回頭指責，或沒有人說「我早就告訴你

---

⑤ Halley Bock, "Why Honesty Is the Secret Ingredient of Successful Organizations," Conference-Board.org, June 14, 2013, www.conference-board.org/blog/post.cfm?post=1897.

了吧」，但事實上，主管團隊同意了這項策略，而且，當時人人都有機會做出反對。我和當時已晉升至主管團隊的蘿雪兒．金恩談到這件往事時，她回憶：「特別值得一提的是，公司在餘波盪漾中採取的行動，把大家召集起來，讓所有部門的副總一起思考要如何處理。拜透明文化之賜，我們全都充分了解這項策略，整個主管團隊必須為所發生之事共擔責任。」

匿名意見調查會發出不一致的訊息

那些嫌惡而反叛原有匿名反饋制度的工程師之所以這麼做，係出於深切信仰開誠布公的價值，這是我喜愛工程師的特質之一。他們撰寫程式時，每一個片段都清楚標示出自他們之手，他們知道，能夠追溯錯誤及優異編程出自何人，可以幫助大家寫出更好的程式。他們推促我們把原先的匿名反饋制改為記名制，是正確之舉，標示評論與建議出自何人，使人們在寫反饋意見時更能深思熟慮、更有建設性。

傳統思維認為，匿名模式使人們更坦率誠實，但依我的經驗來看，並非如此。坦率誠實的人，不論做什麼都坦率誠實。再者，若你不知道你收到的反饋意見出自何人，你如何把他們的評論擺在實際脈絡背景中（他們做什麼工作，他們的經理是誰，他們是怎樣的員工）來檢視呢？不過，匿名意見調查的最大問題大概是這個——它向人們發出訊息：最好是在人們不知道你是誰的情況下，才誠實表達你的意見，尤其是負評。

不久前，我和一位人力資源總監交談，她告訴我，她剛剛取得她公司每半年一次的員工意見調查結果，想根據這結果來討論她打算推出的一些人力資源方案。我問她，她的公司是否雇用外面的公司來做匿名的員工投入度問卷調查，她說是，她說服公司管理高層花這筆錢，因為她知道這項調查有多重要。我問她，這問卷調查中的問題是誰設計的，她說他們從坊間可購買的現成軟體中選購了一套。我對她說：「我敢大膽推斷，一定有人抱怨妳從冰箱裡拿掉了四種口味加味水，對吧？」我的意思是，若你仰賴匿名意見和外面設計的制式化問卷調查問題，你將不會獲得有價值的資訊。你想知道人們的想法，最好的方法是直接詢問他們，而且是面對面詢問。那家公司有七十名員工，他們應該把員工分為七組，每組十人，讓他們交流彼此的想法。

你的員工能夠直接且親身應對真相，你也可以。

摘要

- 員工能夠應付有關於公司業務狀況及他們本身績效表現的真相，真相不僅是他們需要知道、也是他們非常想要知道的東西。
- 解決問題的最有效途徑是，及時且面對面告訴人們有關這（些）問題的真相。
- 絕對誠實有助於消散緊張，遏止背後批評中傷的行為，促進了解與尊重。
- 絕對誠實也促進反對觀點的交流，人們往往隱瞞反對觀點，但反對觀點其實可以提供重要洞察。
- 不告訴員工有關他們的績效與表現的問題真相，將導致經理人及其他團隊成員背負不合理的負擔。
- 提供反饋意見的行事風格與技巧很重要，領導人應該練習如何以明確、有建設性、令對方感覺意圖良善的方式，來對部屬提供批評意見。

- 公司可以考慮建立讓同仁對彼此提供評價與建議的制度，Netflix公司就建立了一個這樣的制度，並訂定一年一度的反饋日，讓公司全員對他們想評論的任何同仁提出反饋意見。
- 當你犯錯時，請以身作則示範勇於認錯，說明你的決策思維，以及你在哪些部分錯了。這麼做有助於鼓勵員工向你提出他們的想法及反對觀點，縱使他們直接反駁你的論點。

思考問題

- 你是否坦誠告知你的團隊有關公司的業務現況，以及公司和你的團隊面臨的最困難問題？所有層級員工都知道公司未來六個月面臨的挑戰嗎？
- 你的團隊成員在團隊會議中，能夠毫無拘束地對當權者的論點提出異議嗎？他們是否看到當著全團隊的面公開這麼做的情形？
- 你的團隊中是否有成員鮮少、甚至不曾開口說出想法及疑慮？你是否點名他們發言，或是和他們談過應該坦誠貢獻意見？
- 你最近一次坦率地向你的團隊談論你在處理一項業務課題時所犯的錯，是在何時呢？
- 你的團隊中是否有人表現不佳，但你沒有和他（她）嚴肅討論過此問題？此人的表現問題對整個團隊及其他團隊成員造成什麼影響？

- 當你和部屬討論他們的表現時，一般來說，你是否覺得他們已經確實了解自身的工作問題？
- 若是讓你的團隊獲得來自公司其他部門同仁的反饋意見，你認為助益大不大？是否有方法可以促進這種跨部門的交流？

4 熱烈辯論

——培養有定見的觀點，只根據事實辯論

Netflix 公司的主管團隊行事剽悍——擅長漂亮、理智型的好鬥，透過辯論，套出他人的觀點，因為我們認為，儘管你不贊同某人的觀點，但他(她)很聰慧，你想了解為何他（她）會抱持這項觀點。這種對彼此智慧的敬重，以及想發掘同事觀點根源的欲望，驅動了尖銳的交互質疑，熱烈而生動，但大抵保持有建設性且禮貌的風格。Netflix 主管團隊也在許多論壇上為員工示範：熱烈提出質疑，公開彼此辯論。

儘管遭遇許多猛烈快速襲來的艱難挑戰，Netflix 卻能夠一再改造自己，存活與繁榮，其主要原因應該是我們教導員工經常提出這個疑問：「你怎麼

知道這是正確的？」或者，我喜歡的另一個版本：「你能否幫助我了解是什麼使你相信這是正確的？」舉例來說，我們在縮短緩衝時間（從點擊影片到影片開始播放所歷經的時間）方面艱難奮鬥，這是只有工程師能夠真正了解的難題。我們告訴銷售及行銷人員，別對工程師發洩怒氣，例如：「你們得解決該死的緩衝時間問題！」他們應該詢問：「請幫助我了解為何要花那麼長的緩衝時間。」而且，我們要求他們應該以真誠的態度提出這類詢問。用這種態度去詢問他人正在努力應付的問題，才能建立了解彼此的橋梁。緩衝時間這個問題的答案，令非技術人員大開眼界，他們不了解工程師們搏鬥的是何等艱巨的挑戰。

這種好疑問的態度漸漸培養出員工探究的好奇心，與對他人觀點的尊重，在團隊與部門內部及之間促成寶貴的學習，也防止種種造謠及小道消息。有一天，我聽到一名工程師很真誠地對一位行銷經理說：「我聽說你花了七百萬美元購買顧客，你可以告訴我這是怎麼回事嗎？」聽到這種坦率提問，我真是對 Netflix 公司文化的這個元素太引以為傲了。

新進經理人通常需要歷經一些時間，才能習慣於這種坦率質疑。一位履歷輝煌的新進經理人為了向他的團隊自我介紹，召開全員會議，我決定參加那場會議。當他開始對大家講述一個他們其實已經在努力解決的問題時，一名工程師舉手發言：「你加入我們的團隊，我們感到很興奮，迫不及待想向你學習，不過，我想應該讓你先知道，我們其實已經覺察到這個問題，並且非常努力設法解決。」這位新進經理根本沒花時間與心思去了解，因此不知道這團隊其實已經在此問題上獲得了很大的進展。會議結束，我跟他一起走出會議室時，他對我說：「那傢伙以為他是誰啊，竟敢那樣跟我說話！」我告訴他，那位工程師是我們公司最優秀的工程師之一，我們教導員工去詢問他人正在處理的問題的本質，別假設自己了解那些問題。Netflix 文化對這名經理人而言顯然是太過另類，令他難以適應，沒待多久，他就辭職了。

不過，情況遠遠更普遍的是，員工最終總是能領會且欣賞這種探究疑問的精神。

有觀點，但必須以事實為根據

人們有觀點定見，並不是個問題，相反地，應該鼓勵他們有觀點定見，並且熱烈論述，但觀點應該有事實根據。堅持以事實為導向，無損於觀點的重要性，只不過是期望人們盡其所能地提出有充分理由的見解。我常對主管們說：「要有觀點，表達立場，且有事實根據」，有意見者若不根據事實來辯述他們的立場，他們的意見就毫無助益。在企業裡，最危險的事情之一是，人們善於靠說服力使他們的論點勝出，而不是靠充分有理的論據。我任職 Netflix 時，有一個傢伙非常善於鼓吹他的論點，你聽他滔滔不絕，很容易就入了迷，他的三寸不爛之舌太有說服力了，但他的論點幾乎總是錯誤。

在 Netflix，我們建立一個準則：員工應該透過探究事實，敞開心胸傾聽他們不認同、但有事實根據的論點，藉此發展出他們的觀點。這是很自然生成的準則，因為公司早年的員工大都是數學家和工程師，他們習慣以科學方法探索事實，據以調整對問題的理解和解決問題的方法。隨著公司成長，我們刻意培養這種事實導向與科學執著，普及到全公司，而非只有工程部門如此。就算不是工程類型的公司，也能普遍灌輸這種精神。

請注意，我說的是「事實導向」，不是「資料導向」。近年，資料被奉若神明，彷彿資料本身就是解答，就是終極真理，若你以為資料構成了你經營業務所需要知道的事實，那是危險的謬見。硬資料當然很重要，但你也需要質性的洞察及清晰闡明的觀點，更需要你的團隊公開且熱烈地辯論這些洞察與觀點。

資料本身沒有觀點

當我們招募到資料科學領域的新進人員時，我滿興奮的，尤其是早年。對於顧客行為，我們全都有自己的看法。起初，我們從本身身為顧客的角度來揣想顧客的行為，我們你來我往地爭論，例如：「他們不是這麼看的，不，不，不，我不這麼看。」後來，轉型至串流服務業務後，我們開始取得顧客實際觀看影片情形的資料。在此之前，我們只知道寄出了哪些ＤＶＤ給顧客，以及他們把哪些影片放入排隊候片清單（queue，這是一項如今已被多數人遺忘的功能：讓顧客把他們想看、但目前無存貨的影片放進候片清單中，等流通在外的ＤＶＤ被寄回後，我們就會郵寄給等候的顧客）。現在，串流服務讓我們可以看到實際上哪些內容被觀看得最熱切，誰會知道《倉庫淘寶大戰》（*Storage Wars*）和《沼澤居民》（*Swamp People*）之類的電視節目竟然這麼受歡迎呢？巨量資料消除了許多我們以往的迷思。

資料很棒，資料很給力，我喜愛資料。但問題是，人們變得太執著於資料，太常對資料做出太過狹隘的思考，忽視了更寬廣的商業脈絡背景，把資料視為疑問的解答，而非使用資料來建構有幫助的疑問。我很喜歡泰德·薩蘭多斯告訴我的一個區別，這個區別點出了資料的最佳使用方式，他說，他的內容團隊在做決策時參考資料，但他們的決策並非依據資料導向。Netflix推出電視影集《紙牌屋》（*House of Cards*）時，很多人關注到泰德的團隊在探勘Netflix的收視率資料方面做得非常出色：他們探勘這些資料後得出結論認為，這部影集將非常吸引觀眾，部分是因為演出的明星受到觀眾歡迎，一如另一部同樣描繪華府權力糾葛的電視劇《白宮風雲》（*The West Wing*）。但事實上，資料探勘雖然提供了很大的幫助，Netflix 購買這部原創電視劇的決策，有很大成分是因為其製作人暨導演是非常有才華的大衛・芬奇（David Fincher）。

泰德強調，從資料分析獲得的洞察的確輔助了他的團隊做決策，但絕對沒有支配他們的決策。他們看出，就算有種種輔佐資料，一項計畫仍然可能失敗，要不要購買或製作一個電視節目或電影，有很大程度得靠判斷。當泰德的團隊決定製作《勁爆女子監獄》這部電視劇時，他們推翻「電視節目必須有寫好的劇本」的既有規定，這並不是因為資料分析告訴他們這個節目將會轟動，而是因為深受此節目創作者珍姬・可汗提出的精采構想所吸引。《勁爆女子監獄》是根據一本書改編的，有人想拍成電影，但擔心囚犯無法引起觀眾同情，監獄可能令人感覺是個幽閉恐怖的場所。珍姬・可汗打算把劇情擴展，帶領觀眾進入囚犯入獄前的生活，這麼做可以顯示許多鋃鐺入獄的女性跟該書作者一樣，並非冷酷無情的犯罪者，這將更能引發觀眾對她們的同情，也讓觀眾可以看到她們的人生故事。

Netflix內容團隊經常被原創節目引發的觀眾反應震驚，一些節目受到的歡迎程度遠超乎預期，當然也有節目的反響遠不如預期。他們並未把那些有關觀眾反應的資料當成一個終點，用以決定如何處理一個節目；他們把這些資料當成一個起始點，用來詢問與省思他們對觀眾反應的了解。若一個節目收視率不佳，他們思考這是因為創作失敗，抑或因為行銷或定位問題。泰德也指出，從收視率資料可能無法看出，若人們實際能夠收看到的話，他們會想觀看什麼類型的節目。Netflix開始計畫進軍海外時，有關國際觀眾偏好的一般認知，高度受到全球票房資料的影響，這些資料似乎顯示，海外觀眾對一些美國節目並不太感興趣，但是，這些資料並沒有考慮到許多國家的人們收看美國電視節目的管道很有限。當Netflix使海外觀眾首度能夠有許多美國節目選擇時，海外觀眾趨之若鶩。泰德這麼敘述他的團隊內容創造流程：「這涉及大量直覺，我尋找的團隊成員必須夠聰穎，而且能分析解讀資料，同時也有足夠的直覺力，知道如何忽視資料。」

泰德也警告，資料可能被用來做為當責的擋箭牌，規避做出判斷的責任。人們通常更自在於根據硬資料來做出決策，部分是因為倘若決策錯誤，他們可以歸咎於資料。電視劇的試播就是一個好例子，因為經過測試觀眾反應的試播，若節目最終失敗，製作團隊可以說：「哎，試播時的反響很好啊。」泰德的團隊不採行試播模式，他們准許創作者逕行製作一整季的全集節目。

人們也可能對使用什麼資料懷有偏見，我們全都見過偏重個人資料勝過他人資料的情形，行銷部門拿出一組資料集，銷售部門端出另一組資料集。資料只不過是解決問題時參考的資訊之一，縱使所有團隊的每個人手上都有相同的資料，仍然需要大家相互質疑論辯那些沒有資料可資參考的業務層面。

慎防看起來很棒、其實無關緊要的資料

由於軟體工程師知道我喜歡他們，所以經常找我看看他們設計的新產品。有位工程師想要我評論他新設計出來的人力資源管理軟體，他在白板上寫滿這套軟體的產品架構圖，很詳盡的一個系統，有從管理高層一路往下至個人層級的績效目標，所有資料將被輸入這個軟體。資料取自何處呢？對每位員工進行兩小時的密集員工評量，有一位輔導員輔導每個員工如何做這項評量，用所有這些評量取得的資料建立一個巨大的關聯式資料庫。聽到這裡，我打住他，說：「我可以問一下嗎，你可以在這裡暫停一下嗎？你的意思是，我必須雇用你公司的人來輔導我公司的每個員工兩小時，教他們如何填寫這份評量表（註：雖然是線上評量，但基本上是評量表格），再加上所有這些一層又一層的績效目標，這將構成一個演算系統。請問，這演算系統能為我提供什麼？」他說：「噢，人力資源部門最終將可獲得資料。」我問他：「他們要用這些資料來做什麼？」他回答：「噢，他們終於有資料了

啊！」天哪，我可不可以簡單問一句：什麼？？？！為何要花那麼多時間和金錢，只為了創造資料？

此外，最大的錯誤之一是執著於無關緊要的指標，以人力資源部門關心的人才留住率為例，該部門應該是一個照顧員工福祉的單位，衡量員工福祉的重要指標之一是人才留住率，但該部門所做的事情當中有五成是向員工說掰掰。

我最近為一支主管團隊提供顧問服務，他們的人力資源主管告訴我，他們很關切留住人才的課題，因為人人都會為了更高薪資或津貼而離去。我問他：「你怎麼知道真是如此？」根據我的經驗，最優秀的人才鮮少因為津貼而決定去留。不過，我也質疑，員工流動率真是那麼重要的問題嗎？我認為應該視情況而定。若你正在做一項計畫，需要很多人埋頭苦幹三、四年，訓練及融入計畫的周期很長，你當然需要這些人在這段期間續留。不過，就算是這種情況，留住員工、使員工高度投入的方法，應該是招募對此計畫興趣濃厚、且以往任職紀錄或傾向在同一工作待上很長時間的人才，而不是靠著提供他們四種加味水及設置員工睡眠艙來留住他們。公司常有短期人才需求，當工作完成，告訴這些人該去尋覓新工作了，這對公司及員工都是好事。關於這點，後文有更多探討。

關於評量指標，另一個嚴重錯誤是把它們視為固定不變的東西。評量指標應該是動態的，應該不斷地檢視與質疑，針對什麼是合適的評量指標，進行充滿活力的辯論。

只為事業及顧客而辯論

在 Netflix，我們的辯論往往非常熱烈，但一般不會演變成行徑卑劣或引發反效果，因為我們樹立一個準則：所有辯論應該基本上是為了事業及我們的顧客利益而為。

公司未能照顧顧客，以至於影響公司本身獲利的最糟糕作為之一是，沒有對資料的含義做出足夠詳盡的疑問與探討。企業往往必須在迎合顧客需求與喜好之間做出抉擇，兩個選擇背後都有資料佐證的強力論點支持，在做出抉擇時，需要在資料之外加上判斷。在 Netflix，我們使用一個很棒的機制做到聚焦於顧客，確保嚴謹且公開辯論這類困難的判斷，這個機制是名為「顧客科學會議」（Customer Science Meeting）的每月論壇。這個名稱用以反諷電腦科學，意思是：我們雖是資料密集分析的創新者，但我們的電腦演算全是為了取悅顧客。瑞德和行銷部門及產品部門主管都會參加這論壇，內容團隊成員常從洛杉磯前來與會，我則幾乎總是出席，因為這是非常有助於增廣見聞的會議，能幫助我跟進事業發展的前端。

這個論壇會議旨在提出我們過去一個月進行的所有顧客測試的結果，以及辯論本月計畫進行的顧客測試，設計與執行測試的員工在會議中提出簡報說明，主管的角色是集中質問測試結果以及計畫進行測試的背後理由。在這些會議中，史蒂夫．麥蘭登（Steve McLendon）是經常如坐針氈的人之一。麥蘭登進入 Netflix 公司後，首先擔任平面行銷工作，後來晉升至行銷團隊的許多職務，涉及顧客測試業務，最終轉往產品團隊，擔任產品創新總監，成就非凡。史蒂夫說，他剛進入Netflix時，覺得格格不入，很不自在，他在以往的工作中從未經歷過像Netflix這樣的緊張刺激。他曾任職聖塔克魯茲（Santa Cruz）的一家小型印刷刊物社，銷售廣告版面，經手Netflix的平面廣告業務，相較於新興的線上廣告，印刷刊物平面廣告可說是老古董了。史蒂夫是個天性隨和的傢伙，所以，我很好奇地詢問他對於在「顧客科學會議」中遭到轟炸式質問時的感想，他毫不隱諱地坦承緊張到不行。不過，他指出：「我學會有條理地思考，預期可能在會議中遭到什麼質問，盡己所能地預先做好論述準備。」他說，因為行銷與產品部門主管也在座，他因此也學會從兩方角度來做出更好的思考。

有關如何更加迎合顧客的每一個尖銳異議，都會被拿到「顧客科學會議」中辯論，而會議中的辯論凸顯一個事實：不論經驗多豐富或位階多高，沒有人能夠僅憑個人經驗或聰明才智，充分了解顧客需求及欲望。我們經常在進入顧客測試時，對可能結果抱持高度分歧的預期。舉例而言，「排隊候片」這個功能是歧見最大的一個議題，我們的資料清楚顯示顧客喜愛這個功能，它是品牌的一大特色，是顧客忠誠度的重要驅動因子。但是，當我們邁入串流服務業務後，就不再需要這項功能了，所有想看某部影片的顧客可以同時串流觀看，所以，我們是否應該廢除這項廣受喜愛的功能呢？公司內部看法高度分歧。

我們把辯論交付給資料來決定。顧客意向調查顯示，有一個相當小眾的顧客群堅決反對廢除「排隊候片」這個功能。但是，A／B測試結果顯示，有沒有這項功能，並不會對顧客留住率、電影或電視節目顧客數量、或其他任何的顧客滿意度硬資料指標造成明顯差別。最終，我們決定廢除這項功能，因為這麼做可以騰出系統能力，用於提升串流服務品質。在歷經少數中堅粉絲的初始抗議後，這項改變被顧客普遍接受。

史蒂夫．麥蘭登提醒我另一個反直覺的測試結果，這跟顧客註冊流程有關，測試結果令他驚訝不已。我們時常對這項流程進行測試，但這一回的焦點引發的爭論特別激烈。有人提出一個假設：若我們推出提供免費試用的初步註冊流程，這流程去除一項障礙——不要求人們輸入信用卡資訊，這麼一來，註冊免費試用的人數將增加，連帶使得最終訂閱者的人數增加。史蒂夫堅信，此舉將使最終訂閱者的人數大增，但測試結果很糟糕：訂閱人數非但沒有增加，反而減半。他對這結果太震驚了，以至於他想再測試一次。在對測試結果進行辯論時，我們發現，很諷刺地，為了消除這個障礙，實際上反而增加更多的障礙：迫使人們必須歷經兩次註冊流程（第一次註冊免費試用，不必提供信用卡資訊；最終決定訂閱時，得再歷經一次註冊流程，提供信用卡資訊）。

贏得無私聲譽

經常有公司主管告訴我，辯論往往引發部門主管之間的戰爭，他們想不出要如何進行有關事業核心課題的公開辯論，但又不致淪為反效果的爭執，甚至引發有害的內鬥。的確，若你我在某件事情上有歧見，為此激烈爭論，我認為你是在為你的自尊或部門利益或心愛觀點而戰，我就會設法扳倒你。

但是，若我相信你是在為公司利益著想，為顧客做對的事，我會更願意傾聽你的意見。在Netflix的「顧客科學會議」中，人性使然，常有人變得衝動起來，陷入為爭論而爭論，但這種時候，總是有人插嘴：「請問，這對顧客有何幫助？」來阻止辯論變質或離題。

樹立無私辯論的另一種方法是，熱烈肯定他人對解決問題所做出的貢獻，瑞德在這方面也是個模範，曾任職Netflix十二年的工程師約翰．席安卡提（John Ciancutti）回憶一個特別生動的例子。在DVD租片為主力業務的年代，Netflix需要「排隊候片」功能的原因之一，是管理存貨以及快速遞送DVD給顧客的工作非常困難，我們每天有幾百萬部影片進進出出，我們的出貨數量比亞馬遜網站還要多，而且，我們不僅得快速出貨，還得回收它們，再快速寄出它們。一個特別棘手的問題是，特定影片在不同配送中心的堆積量特別高，約翰提出一個解決此問題的構想，「我有一個為何會發生堆積情形的理論」，他回憶：「我提出了幾次，但沒獲得採行。我們嘗試了其他方法，不見成效，過了很久，在一次會議上，瑞德絕望地攤手，說：『我們來試試席安卡提的點子吧』，我抬起頭，說：『什麼點子？』其實我已經將那個構想忘得一乾二淨了，但瑞德還記得。」團隊嘗試了約翰的方法後，結果奏效。瑞德對他提出的點子聆聽得夠認真，因而記住了，日後，在約翰已經忘了自己提出的那個點子時，瑞德依然記得。誠如約翰所言：「他就是會給你那樣的尊重，他認真傾聽這個沒人認為是好點子的構想。」

這個故事也凸顯，縱然有無私的熱烈辯論，好點子有時仍然會被擊落。因此，我們必須認知到，縱使是最令人信服、有事實根據的論點也可能是錯的，「有事實根據」並不等同於「正確」。這也凸顯了重新檢視結論的重要性，當我們認為已經辯論出無懈可擊的結論時，往往必須重新檢視，再從頭辯論一次。

安排你想看到的辯論

Netflix 的行銷主管和內容主管曾經在「如何看待我們的顧客」這個議題

上出現重大歧見，並且演變成大爭執，因為兩位主管都是非常堅持己見的人，都認為自己的觀點有好理由。瑞德對這件事做了漂亮的處理，他安排兩人當著其餘主管團隊成員的面，在台上面對面坐著進行辯論，最聰明的一招是，兩人不是為各自的觀點辯護，而是對調過來，為對方的觀點辯護，為此，他們必須深入了解對方的觀點。

瑞德把這種辯論方式變成產品開發團隊的一種定期實務，他每月一次在Netflix的會堂舉行會議，所有人以論壇風格坐在椅凳上，他事先要求一些人為一個主題準備不同面向的論述。艾瑞克·寇爾森向我憶述：「這些是非常認真嚴謹的辯論，我們坐在那裡，心想：『對啊，我們應該這麼做』，然後，就聽到瑞德說：『好，那麼，反方意見呢？』聽著某人提出反對見解，我們又認同地點頭，心想：『對啊，我們當然應該這麼做！』這些辯論讓你領悟到，對於棘手課題的思考絕對不只有一面。」

在這些會議中，團隊也被分成三、四組，辯論如何處理一個問題，同時提出解決方案，與這個主題相關的任何領域專家被分散到各組，使專家不集中於任何一組而產生支配作用，或是導致分組中其他人退縮，不敢表達意見。這種分組有幾個益處：其一，避免規模較大團體常出現的團體迷思；其二，迫使人人發言，因為在小組裡，保持沉默的行為特別醒目而引人注意；其三，讓來自各工作團隊的人員得以知道彼此的性格及思維模式。此外，分組模式有助於降低被專家意見框限的危險，艾瑞克向我解釋：「專家意見的不利之處在於專家太清楚現有限制，這種限制意識太強，會造成思考上的束縛，非專家的觀點有時可以找到繞過這些限制的途徑。」

只要花點時間與心思準備安排，並確保所有人都是為顧客及公司尋求最佳解答，沒有人純粹為了贏而辯，就能產生很有建設性的辯論與談話。為此，釐清脈絡背景很重要：清楚這團隊意圖做出什麼決策，舉行這場辯論與談話的理由。若發現討論離題了，或有人固執到底，你可以插話：「今天的會議究竟想解決什麼？」或「有什麼理由使你堅信這是正確的？」

為確保辯論遵守這些原則，維持文明之舉，最佳方法之一是搬上檯面，在團隊面前公開進行。很多主管把他們之間的歧見放在檯面下，其實，那些歧見可能是最需要主管層級以下的人了解及發表意見的主題。正式搬上檯面也可以示範如何進行有益的辯論。當然，這對許多人來說都是不容易的事，辯論總有人輸，當眾辯論而落敗，對一般人而言已非容易泰然處之的事，更遑論那些非常聰穎、非常善於統整事實和解決問題的人。不過，假以時日，大家都能體會到，公開辯論後，大家仍然平安無事，而且通常能夠產生最佳決策。

再者，參與及觀看公司最有才智及最有資格的專家辯論公司面臨的最迫切課題，還有比這更能讓員工學習與成長的機會嗎？公開辯論讓人們看到什麼是卓越，有益的辯論是什麼模樣，強而有力的主張應該具備什麼要素。此外，公開辯論也是發掘公司內部最優秀人才的一條好途徑。我們在「網飛文化集」中闡明，Netflix 招募與拔擢人才時，尋求的核心特質之一是優秀的判斷力，基本上，這指的是能夠在混沌不明的境況下做出好決策，能夠深入挖掘問題的根本原因，能夠策略性思考並清楚論述結果。沒有什麼比公開、熱烈的辯論更能磨練這些技巧。公開辯論還能培養我們尋求的另一項核心能力：勇氣；當員工看到他們的觀點被傾聽，他們能夠做出貢獻時，他們就會有勇氣發言。

史蒂夫・麥蘭登指出公開辯論的另一個好處：那些令許多經理人覺得頭疼的較年輕工作者（指那些惱人的千禧世代），對這種透明化及鼓勵發問的文化趨之若鶩。史蒂夫後來離開Netflix，和同為Netflix前員工的約翰・席安卡提，以及前美國公共廣播電台《金錢星球》（*Planet Money*）節目主持人史帝夫・亨恩（Steve Henn）共同創立60dB，這是一家新創播客，提供個人化聲音談話串流內容（編按：二〇一七年底被Google收購）。離開Netflix、各自進入別家公司後，麥蘭登和席安卡提都遭遇到，新東家的管理高層拒絕建立仿效Netflix的質疑與公開辯論實務做法，其他轉往別家公司任職的前Netflix人也有類似遭遇。（我曾經為一家公司的執行長提供顧問服務，有兩名前Netflix員工任職該公司，這位執行長受不了他們經常提出質疑的行為，惱怒地對我大罵：「這些該死的Netflix人，什麼都想知道！這干他們什麼事！」）麥蘭登被告知，當著員工的面爭論是不好的事，因為：「這就像看到你的父母吵架。」但是，誠如他所言：「比起由上而下的舊管理風格，Netflix 文化更適合於管理較年輕的工作者。」跟一般新創公司一樣，他雇用了很多非常年輕的員工，他發現，他們渴望學習公司的整個事業，透明化管理風格很能引起他們共鳴。他們是未來的中流砥柱，設法利用他們的求知欲，對每一個企業領導人而言是有益之事。

我在前文中曾提醒，化解衝突及提供一般管理課程之類的制式員工發展實務的效益有限，員工能夠從這類課程中獲得的學習，遠遠不如他們能夠從參與相關業務決策的辯論中獲得的多。問問你公司的任何員工，他們寧願花一天時間參加溝通談判研討會，抑或寧願在公司大型會議中向高階經理人提出嚴肅、但有理的疑問（且不會因為這麼做而受到懲罰），或是能夠和他們的經理認真辯論一個他們被要求解決的問題。我向你保證，沒有人會選擇去參加研討會。

摘要

- 熱烈、公開辯論公司業務決策，這是令團隊興奮之事，他們將會把握這機會參與，展現他們的最佳分析能力。
- 明確訂定辯論規則。員工應該建構有主見的觀點，並為辯護它們做好準備，他們的論點應該以事實為根據，而非純屬臆測。
- 指示員工要求彼此為自己的觀點及辯論的問題做出解釋，而非只是對這些東西提出假設。
- 在辯論中應該秉持無私精神，為辯輸做好心理準備，在辯輸時坦然接受。
- 確實安排辯論，你可以讓員工正式提出主張，甚至安排他們上台論述。試試讓他們為反方辯論，藉此發掘自己論點中的漏洞。讓人們預做準備的正式辯論，往往能夠引領出突破性的洞察。

- 慎防把資料誤當成事實；資料的價值取決於你從資料中得出的結論。人們往往被那些支持他們偏見的資料所吸引，請用嚴謹的科學方法檢驗你的資料。
- 通常，把人員分成小組來進行辯論是最好的模式，因為這樣可以使每個人更自在地發言，當有人不發言時，也更容易注意到。相較於規模大的組群，規模較小的組群較不會有團體迷思傾向。

思考問題

- 你可以把你的團隊正在處理的問題，或你打算做出的什麼決策搬到檯面上進行一場正式辯論？
- 在規定員工必須根據事實來陳述他們的論點之後，你是否做好心理準備，在團隊中的某人提出的論點優於你的論點時，坦然接受？
- 你的團隊中是否有人對某個議題所抱持的觀點顯得太執著，你可以要求他們當著整個團隊的面，互換立場，為對方觀點做出辯論嗎？
- 你的團隊是否善於對點子進行正式測試，取得資料，據以得出結論？你是否能夠提供他們可能欠缺的工具？
- 你可以如何幫助你的人員考慮他們熟悉且知道如何解讀的資訊以

外的資料？對於應該考慮哪些資料及如何解讀，你的團隊成員及你本身可能存在什麼偏見？

- 你能否邀請你的團隊以及別的團隊中較年輕的成員來聽你安排的一些辯論？你或他們的直屬經理能否指導他們如何參與辯論？
- 你能否建立一個經常性論壇，讓員工提出有關於重要決策的觀點，以及針對你團隊正在處理的問題，建議最佳解決之道？

5 現在就打造你期望的未來公司

——堅定聚焦於未來

談到美軍在伊拉克戰爭中的表現時，當時的美國國防部長唐納德．倫斯斐（Donald Rumsfeld）說了這麼一句名言：「上戰場時的軍隊是現有的軍隊，不是你想要或期望擁有的未來軍隊。」對經理人談到如何打造優異團隊時，我告訴他們的方法恰恰相反：你希望未來擁有怎樣的團隊，你現在就得開始招募並打造那樣的團隊。

許多領導人擅長展望產品開發與競爭情勢前景，他們致力於評估未來的市場需求，高度聚焦於發展出正確的產品，在正確時機推出。但是，我發現，他們鮮少展望與思考他們未來需要怎樣的團隊，他們往往聚焦於他們現有的團隊達成了什麼，這團隊還能夠多做什麼。若他們的確思考到未來團隊時，他們通常思考的是人數：我們需要再增加十名工程師；或我們的銷售團隊人員必須倍增。

我最近接到一位執行長的電話，他的公司現在有員工一百五十人，他告訴我，員工數將會增加至三百人，問我有何建議。這是一家有優異產品的傑出公司，他告訴我，公司已獲得充沛融資。我相信這家公司將會快速成長，但問題是，他們將如何成長。我對他說：「你說三百人，這是一個確切的數字，你有何根據？」他說他們將把事業擴增一倍。我問他，新進人員做的工作將相同於現有員工做的工作呢，抑或可能有新的工作——例如，他們將推出新的產品線？若公司團隊規模變大，他也許需要更有經驗的經理人？他是否想維持較小規模的團隊，維持較扁平的管理架構？把事業擴增一倍，是否意味著他們的顧客數也將倍增？若是的話，他們就得顯著擴增他們的客服作業，但這未必得增加一倍的客服人員，也許把客服工作外包給一家專業公司是更好的做法。接著，我問了另一個問題，我發現，對於尋求這類諮詢的人而言，這是一個最發人深思的問題。他說他需要增募一百五十名員工，我問他：「你確定你不想只增募七十五人，付他們雙倍水準的薪資，因為他們有雙倍經驗，且可能是表現更優秀者？」

別把人才招募變成一種數字遊戲

若你的公司不經常做這種前瞻展望團隊需求的事，公司的團隊領導人將無可避免地陷入人才零和戰。根據我的經驗，典型情況大致如下。

一位部門主管打電話給我，申請核准增募人員，我回答：「嗯，請準備理由說明，我們來討論。」十分鐘後，他來到我辦公室，說：「我想妳大概不了解情況，我現在得去財務部門商談，我的組織需要增員十五人，否則應付不來。我們需要增加人手，我們需要這些人，現在就要！」我說：「OK，增加十五人，每人年薪十五萬美元，那就是至少兩百萬美元跑不掉，這不在你的預算內。咱們把話說清楚，我們沒有閒錢，沒法憑空生出這兩百萬美元，得從其他團隊挪出這筆錢。你是不是只需要增加三人，但要求十人呢？」數不清有多少次，我回頭檢視人們提出的規畫預估，發現他們申請的增員預算比他們最終實際的增員成本多出了一〇%或一五%。

反過來說，因為沒做好預測及準備，匆忙招募人員而導致的問題也很嚴重。我經常得告訴招募人才的經理：「咱們來檢討你們去年招募進來的人員。你們一季招募了二十個新人，其中有五人不適任，因為你們當初太急著用人了。」其他時候，他們招募人才時反倒很挑剔，但又沒能建立一條潛在人才供輸管道，導致我們無法及時找到夠好的人才，被迫必須延遲某項計畫。總而言之，鍛鍊招募優秀人才的肌肉，對公司是一大競爭優勢。

別期望你目前的團隊未來也適用

關於建立團隊，我常看到的另一個錯誤是：以為現有員工的技能將會成長到符合未來工作需求的水準。這個問題在新創公司尤為嚴重，因為公司創辦人往往對早期員工有著強烈的忠誠感。為新創公司創辦人提供顧問輔導時，我常必須告訴他們，隨著公司事業擴張後，他們的許多現有員工將無法勝任新境況的需求。他們通常這麼回應：「可是，我喜歡他們，他們工作賣力，他們很棒啊！」但問題是：事業擴展後，他們還能勝任嗎？未來，你將需要他們做相同於他們現在所做的工作嗎？你對他們的未來有何規畫？

雖然，這個問題在新創公司尤為嚴重，但幾乎所有類型的公司，不論成熟度如何，都會發生這種問題。在現今商業界創新速度飛快之下，沒有一家公司承受得起犯這種錯誤。

我在 Netflix 學到了這個慘痛教訓。當我們突然意識到，不出一年，必須要有能力應付相當於美國當時三分之一寬頻網路流量時，我們必須立刻研擬提高資料處理胃納量的新計畫。

那場會議結束後，產品團隊主管告訴我，我們必須立刻和ＩＴ部門商談預備建立雲端服務。而ＩＴ部門的傢伙告訴我們的，基本上是這樣：「你們做你們該做的，我們將建立你們需要的雲端，這樣行嗎？我們可以做到。」

我回答：「坦白說，要說誰能做這事，那一定是你們，但你們無法在九個月內做到。」

認知到時間限制意味著我們需要怎樣的團隊，這點很重要。這在公司內部成為一個非常重要的辯論，我們很快就認知到，我們將需要一支明顯不同於目前的資料團隊。所幸，我能夠做出這樣的回應：「沒問題，我們有六到九個月的時間可以做這事。」我們成功引進在雲端作業方面有優異經驗的人才，又和亞馬遜雲端服務公司達成交易，不需要嘗試自行建立系統。

根據我的經驗，企業領導人必須經常思考的最重要問題之一是：「我們是否受限於現有的團隊，而非我們應該打造的團隊？」

前瞻六個月後

歷經時日，我發展出以下方法來因應這項挑戰，我還跟輔導的每一家公司分享怎麼做。想像從現在算起的六個月後，你打造出非常優異的團隊，優於你以往打造的團隊，你對自己說：「哇，這些傢伙真棒，難以想像他們將創造多麼棒的成就！」（我之所以說從現在算起六個月，是因為如今在任何行業，你頂多只能預測及想像六個月後的境況。）

首先，寫下六個月後的這支團隊將能達成哪些現在未能達成的成就。你可以使用任何你想得到的描述句，你可以說你多創造了幾位數的營收，或是設計了較少出錯的軟體，或是以四天時間完成一個計畫。在你的腦海裡製作一部電影：你在公司裡走動，看著這支優異的團隊正在創造這些卓越成果，也許，他們正在打造一項重大新產品的原型；也許，你正在嶄新的新倉庫裡走動，看著人員用最新的智慧型技術處理數量兩倍於以往的產品出貨作業。現在，更重要的是，想想看，想像中的未來團隊和目前團隊的工作情形有何不同？員工參加的會議更多了，抑或減少了？他們進行更熱烈的辯論嗎？他們的決策更快速嗎？誰做決策？誰不做決策？更多員工在他們的小隔間裡默不出聲地埋頭苦幹，抑或處處可見群組員工在白板上潦草書寫、熱烈討論？他們以更多的跨部門合作模式工作嗎？他們更多地透過協作解決問題嗎？當我輔導客戶演練這方法時，我請他們閉上眼睛想像，我彷彿可以看到他們在自己的公司裡走動。

然後，我說：「好，為了使那些不同於現在的未來境況發生，員工需要知道哪些做事方法？」他們可能需要發言，提出主張，辯論，尋求贊同；或者，他們需要更善於閉上嘴巴，認真傾聽；或者，他們需要更善於溝通。或者，你需要他們能夠推出連接設備的新產品線；或者，你需要懂得如何談判特定種類交易的人才。這團隊需要哪些技能與經驗，才能如同你想像的那樣運作，達成你需要在那個未來做到的成果？

這個演練往往可以看出你的公司是否為未來的許多變化做好準備，而變化往往快速逼近。你的團隊可能欠缺必要的硬技能，或者，你欠缺具備軟技能或適當經驗而可以成為優秀經理人的人才。一個必須思考的基本問題是：你的公司有足夠的能力建立者（capacity builder）嗎？我所謂的能力建立者，指的是懂得如何打造優異團隊的人。在Netflix，我的主要職責之一就是引進優異的能力建立者，若你的公司也有優異的能力建立者，他們會告訴你，你需要怎樣的團隊，並且在你需要時，幫助你打造這樣的團隊。

我認為，多數層級的多數經理人應該都能夠相當容易地想像兩倍、甚至三倍規模的業務及管理變化的情境，那些在理解複雜性方面具有卓越能力的經理人，甚至可以想像更大規模的事業發展情境。不過，若你的營運規模將在未來一年間成長到十倍大，而你的現有團隊人員只見過漸進式成長呢？他們大概不知道要如何及時應對這種急遽成長的境況，你將需要能夠管理你所預期的成長率規模的人才。或者，若你的公司演進為新的事業模式呢？你將需要能夠管理新事業模式的人才。

思考這些問題之後，你才能開始檢視你目前擁有的團隊，這將有助於更正確地看出你的團隊具有什麼技能與經驗，更加認知到他們不會或不擅長做哪些事，你將看出你的公司在哪些領域欠缺或沒有足夠的優秀人才。

基本問題是，多數人以為現有團隊將來可以做得更多、更棒。是的，現有團隊將來或許能夠做更多，但未必會做得更棒；你應該根據你展望的未來，打造理想團隊。辨識你想解決的問題、你想解決此問題的時間框架、成功解決此問題所需要的人才類型，以及這些人員必須懂得如何做哪些事，然後思考：我們現在必須做哪些準備，需要引進怎樣的人才？

你是在打造團隊，不是要養一個家

瑞德和我共同探討以釐清我們必須打造怎樣的文化，以促成需要的發展速度時，我們認知到，必須讓所有員工了解，公司將確保團隊持續不斷地進化。討論這點時，我們決定使用一個比喻——公司就像一支球隊，不是大家庭。優秀的球隊總是持續發掘優秀的新球員，淘汰目前團隊中不合適或不理想的球員；同理，我們的團隊領導人也必須持續尋找人才，重組團隊。我們要求主管在決定引進誰和可能必須解雇誰時，必須純粹根據團隊需要怎樣的表現，以幫助公司成功。若訓練及培育現有人員好讓他們勝任新角色，是最佳的決策選項，我們便會充分支持，並幫助經理人學習那些技能。但我們也要求他們必須審慎考慮，最佳選項是不是引進具備所需技能的優秀新人，縱使這意味的是必須解雇現有團隊成員。

妥善訓練團隊成員和辨識他們的成長潛力，是團隊領導必備的技巧。我總是觀察以辨識人員的潛能，讓我們能夠提供他們成長的計畫，而我鼓勵所有團隊領導人也這麼做。有時候，這些才能頗明顯，但多數時候是不明顯的，甚至員工本身也不知道自己具備這些潛能。

蘿雪兒．金恩就是一個例子，我能看出她具有我們非常需要的一項重要潛能，但她本身並未充分認知到自己有這種才賦。她的專長是做為一名設計師及設計師的經理，我們錄用她領導一支很需要加以管理的設計師團隊，她非常快速地讓這支團隊上軌道，我看出她有能力把運作不佳的團隊塑造成高績效團隊。因此，在她加入 Netflix 不滿九個月時，我們請她多領導兩支團隊，一支是處理增強詮釋資料（enhanced metadata）的團隊，另一支是內容業務團隊。這些都是大團隊，她沒有這些領域的專長，她對我說：「妳了解我從未領導過這類團隊嗎？」但我對她有信心，相信她能夠勝任，會有好表現，果然她沒令我失望。不過，我們兩人也知道，她接受這項工作是冒險，我們誠實體認這一點。

另外，艾瑞克．寇爾森向我憶述，瑞德曾經邀請他擔任一個很重要的新職務——管理一般資料團隊，他婉拒了三次後，最終接受。艾瑞克向來做的工作是撰寫演算法來改善我們的作業系統，而且表現得相當卓越。這項新工作是全然不同的事兒，他得管理一支跨及全公司的大團隊，直屬上司是瑞德，他不認為自己能勝任，但瑞德深信艾瑞克能夠把這職務做得很好。結果證明，瑞德有識人之明。

拔擢員工，讓他們有機會接下新角色，延伸發揮。有時候，這可能是非常合適的做法，但並非總是最佳選擇，我們告訴團隊領導人，必須務實地衡量員工有能力做出哪些方面的績效改進，以及是否能在需要之時達成這些改進。

應該拔擢內部人員，抑或自外部徵募優秀人才，我們有一個衡量的基本原則：公司內部是否無人具有這工作需要的專長，抑或這工作所屬的領域是我們公司走在創新最尖端的領域？在雲端服務方面，外面有更好的專才，因此，自外引進人才是遠遠更好的選擇。在資料演算方面，我們走在創新尖端，內部有一流人才艾瑞克。至於其他職務，若我們還未自外引進人才的話，幾乎可以確定我們早已失敗了。

有時候，晉升並非正確解方

為公司領導人及團隊經理人提供顧問輔導時，最令他們難以接受的建議大概是這個：他們只需確保公司準時為顧客提供所需要的優異產品，除此之外，他們不欠員工什麼。他們沒有義務要讓員工有機會擔任他們欠缺才能、無法勝任的職務，他們沒有義務為員工創造公司不需要、純粹是為了讓他們有工作做的職務，他們當然也沒有義務為了員工而不做出必要的人事調整，因而延誤了公司的發展。我知道，這聽起來可能令人覺得苛刻刺耳，畢竟，公司應該投資於發展及栽培員工，提供晉升途徑，致力於提高員工留住率等等，這些論點已然根深柢固。不過，我認為這類思想已經過時了，甚至不是最有利於員工福祉的管理方法，往往導致員工陷在他們其實不想要或力不從心的工作上，而不是往職場上尋找更好的機會。

晉升員工，為他們提供新職務的指導，這可以帶給團隊領導人很大的滿足感，對績效也可能有所幫助。不過，晉升及栽培員工也往往不是最有利於團隊績效的做法，公司及員工不應該期望經理人當個員工職涯規畫師，在現今快速變遷的商業環境中，試圖讓經理人扮演這樣的角色，可能很危險。

在 Netflix，我們面試應徵者時，很坦率地告訴他們，這不是一家職涯管理公司，我們認為員工的職涯管理及規畫是他們自己的事，在這家公司與許有很多升遷機會，但我們不會為他們設計與創造機會。很多公司讓員工做半套職務的工作，因為他們無法勝任全套職務，我認為 Netflix 負擔不起這麼做，我們需要能夠勝任全套職務的人才。我們也決心不犯企業界非常普遍的錯誤：把績效優異、但根本不適合擔任管理角色的人才晉升至管理職務。

在公司成長的一些期間，有很多機會可以把現有員工晉升至新職務，但通常根本不會有適合現有人員的新職務——縱使他相當優秀。在 Netflix，當出現也許可以晉升內部員工的新職缺時，在許多情況下，我們知道更好的選擇是自外引進已經在所需工作上有優異表現的人才。若內部員工渴望轉往我們無法提供給他們的職務，或是想做對公司而言非優先要務的工作時，我們會鼓勵他們往別家公司尋找機會。我們也建議員工經常應徵外面的工作，好讓他們評估市場就業機會，同時也讓我們更加了解他們在就業市場的搶手程度，以及我們應該支付他們的合理薪酬水準。彈性打造團隊的益處是雙向的。

我認為，對現今工作者的最佳建議是：保持靈活，持續學習新技能，考慮新機會，經常接受新挑戰，讓自己的工作保持新鮮度，持續擴展開發自己的潛能。Netflix 鼓勵員工為自己的成長負責，讓自己有資格掌握公司提供給他們向優異同仁與經理人學習的許多機會，自行追求成功——不論是在公司裡升遷，或是掌握外面更好的工作機會。

從新創公司創辦人的角度來思考

我了解，擁抱前述觀點並不容易，這是有原因的，傳統管理思維強調企業與經理人對員工的責任。我在輔導新創事業創辦人身上看到這個最明顯的矛盾，他們幾乎總是得面對這個殘酷事實：早期發展產品及尋找市場階段需要的人才及工作方式，非常不同於後來擴張事業規模時所需要的人才與能力。起始階段，新創公司需要負擔得起、願意非常賣力、且相信公司願景的最聰穎人才，信念尤其重要，因為所有新創事業都是瘋狂的點子，若它們的點子尋常、理所當然，早就有人做了。新創事業為獲致初步成功，需要犯種種錯誤，願意非常努力地做出種種嘗試，埋頭苦幹，直到產生一個可行產品和接受此產品的市場，這期間，答案未知，大部分工作必須臨時即席而做。然後，突然間，成長開始起飛，公司面臨的主要不再是靠嘗試摸索來解決的問題，而是需要經驗智慧來應付的問題，它們是規模及繁雜性的問題，有時候，公司很幸運，一些早期員工能夠應付這些蛻變，發展出必要技能，但多數員工沒有這能力，或是不想做這些事。

幾乎所有公司時不時都會某種程度地面臨這種挑戰——組織必須重組以因應蛻變，需要引進新人才以使公司事業完成脫胎換骨。若你不自在於這種觀點，想想看：換成是新創公司創辦人面臨這種挑戰，他們會採取什麼正確做法？為何你不採取這些做法？

懷舊是早期警訊

瑞德和我開始使用「團隊」這個比喻，而不使用「家庭」，原因之一是公司持續不斷地改變，懷念過去華路藍縷的早年階段將對組織構成一大阻力。

懷舊是人之常情，我也不例外。在 Netflix 工作的早年很歡快，我們非常不拘小節，公司常在停車場上圍繞著野餐桌開會，我們是一家酷行業中自負、率性的新創公司。我們喜愛去日舞影展，喜愛提供新銳導演拍攝的前衛影片，我還記得泰德・薩蘭多斯告訴我，有一年他把口碑甚囂的黑色喜劇片

《飄飄欲仙》（*Spun*）導演剪輯版放到 Netflix 平台上，這部影片內容以奧勒岡州尤金市（Eugene）的冰毒文化為背景，極誠實地描繪了毒癮的危險性，欣賞這類挑戰極限的影片是 Netflix 的 DNA，也是我們許多 Netflix 人引以為傲之事，進入串流服務業務後，我們突然開始打算做改造電視節目的事，做為時髦的獨立製片公司，許多員工對此難以理解，有些員工是全然反感。當然，隨著 Netflix 成為原創內容創作者，很明顯可以看出，進軍電視領域根本無損於我們原有的前衛靈魂，《勁爆女子監獄》以及《小鎮滋味》（*The Santa Clarita Diet*，敘述一個郊區小鎮的太太意外成為食人維生的殭屍的故事）這類節目可資顯示，Netflix 仍然愛做挑戰與超越框限的事。

緬懷公司早年成功的核心要素，非常重要，伴隨公司調整與成長，仍然可以保留這其中的一些核心要素。但是，引發變革阻力的懷舊心態將助長不滿，且往往阻礙成長。在 Netflix 早年，一位早期就進入公司的工程師告訴我：「現在和以前不一樣了，以前，大家在停車場上商討，所有人都對產品做出貢獻，現在，很多人互不相識。公司變得太大了，我認為管理階層並不了解情形已經改變了。」我是管理階層，所以，我向他保證，我們很了解。因為他數度向我表達這想法，我能看出他對這些改變感到不滿，所以，我問他：「你可知道為何事情會變得不一樣嗎？」他問：「為什麼？」我說：「因為我們成功啊！你可知道我們希望有朝一日變成什麼嗎？我們想成為一家全球公司！」對一個十足的新創事業型傢伙而言，「全球公司」是個震撼名詞。有些人適合處於特定階段的組織，喜愛在這樣的組織中工作，當組織邁進到新階段後，他們感覺格格不入，最好讓他們轉往正處於那個階段、有相似挑戰與環境的新組織。我告訴這位工程師：「沒關係，你不需要繼續待在這裡，也許，你最適合待在一個只有五十人的組織，也許，在那樣的組織中，你過得最愉快。」

用這種方法來打造團隊，意味的是，在 Netflix，我必須發展出人才招募的新方法，讓公司有堅實的人才供輸管道。我們必須為整個組織建立優秀的人才招募能力，我們也做到了。

摘要

- 為保持敏捷，能夠隨著變化而快速行動，你應該現在就招募未來需要的人才。
- 經常花時間想像你的事業從現在算起的六個月後必須呈現什麼模樣，才能有好績效。在你的腦海裡製作一部電影，想像員工的工作狀態，使用什麼工具與技能。然後，思考為創造那樣的未來情境，現在必須做出哪些改變，立刻著手去做。
- 雇用更多員工未必就能做更多事或做得更好；減少員工數，但全都是技能更優秀的高績效人才，往往成效更佳。
- 優秀的球隊是經理人的最佳模範，它們持續發掘新人才，淘汰一些現有球員。你要打造的是一支團隊，不是養一個家庭。
- 你的一些團隊成員可能無法成長為公司未來需要的那種高績效人

才。公司的職責不是投資於發展與栽培員工，公司的職責是發展產品與市場。

- 當對公司績效表現有益的最佳選擇，是培育與晉升內部人員，那就這麼做；否則，若更好的選擇是自外部引進人才，你更應該積極地外求。
- 理想的做法是讓員工為自己的職涯發展負責，這樣可以驅動員工個人及公司的最適成長。

思考問題

- 你是否針對你的團隊在六個月後到一年間將需要的能力，有條理地評估所有團隊成員的技能？
- 你是否能預見團隊未來將需要具備堅實經驗的新工作方式，例如為機器人編程，和機器人合作，跨部門合作，或規畫與重新設計顧客體驗？
- 若你自外部引進一或多位優異的新人才（縱使這意味的是必須縮編你的團隊規模，以支應雇用這些新人員的成本），是否能顯著提升你的團隊的工作績效？
- 若你現在自外部引進一些新人才，你的團隊將可以開始掌握什麼新機會？也許，有一種新技術可以讓你供應一項新的或更好的產品或服務；也許，某個競爭者的市場占有率不穩固而可以被你攻取，或是一個新市場正在形成中，引進新人才可以幫助你的團隊掌握這些新機會？

- 你的團隊或公司是什麼領域的創新先鋒，有什麼頂尖的創新人才？你的團隊或公司在什麼領域正在謀求盡快迎頭趕上，或是若你不招募一些新人才的話，很快就會陷入落後而必須追趕的境況？
- 你的時間有多少花用在發展你的團隊成員的技能？他們的技能發展速度是否夠快而符合你的需要？

6 每個職務擔當者都是上選之才

——為每個職務找到對的人

Netflix 的人才管理理念有三個基本信條：第一，招募優秀人才以及決定是否讓某個員工離去的職責，主要落在經理人身上；第二，每項職務都力求找到優秀、而非只是水準尚可的擔當者；第三，縱使是很優秀的員工，若他們的技能已不再符合工作所需，我們情願向他們說再見。

約翰．席安卡提曾為 Netflix 最優秀的人才招募經理人之一，他告訴我：「知道何時該讓員工離開，以及引進具有你需要技能的優秀人才，這兩者是相伴相隨的決策，它們是一體的兩面。若你不善於招募優秀人才，你就無法真的安心自在於讓現有的優秀員工離去，你要嘛就是同時善於兩者，要嘛就是同時不善於兩者，不可能只善於其中之一，你必須同時善於這兩者，才能打造高績效團隊。」這種方法讓我們能夠機動、前瞻地建立我們需要的團隊，以達成我們的目標，而不是被艱辛掙扎於進化的過時團隊所羈絆。

約翰完全擁抱Netflix的人才管理理念，離開Netflix後，他也把這理念帶到他的新工作上，例如在Coursera建立一支團隊，以及在他後來經營的60dB中打造新團隊。他在《第一回合評論》（*First Round Review*）上撰寫一篇文章〈Coursera如何和Google及Facebook競爭最佳人才〉（This Is How Coursera Competes Against Google and Facebook for the Best Talent），談論他用以招募優秀人才的戰術，我高度推薦這篇好文。從他對這個主題的熱情以及發展出如此詳細的方法可以看出，Netflix的徵才經理對於他們肩負的打造團隊職責是多麼認真以對。事實上，我們對所有招募人才的經理人強調，打造優異團隊是他們最重要的職責，我和我的人力資源團隊密切指導他們如何尋找人才及面試，如何和理想的應徵者達成簽約，如何評估何時該讓現有員工離去，如何和當事人以及團隊的其他成員說明這些人事決策。

當個好的前東家

瑞德打電話邀請我加入 Netflix 的那個凌晨，我問他，他心目中的理想公司是什麼模樣，他反問我相同的問題。我告訴他，我心目中的理想公司是一個優秀的前東家，例如曾經任職過早年的蘋果公司或微軟公司。我解釋，因為我一貫地在最好的公司和最好的員工身上看到兩個特質：其一，最具競爭力的公司之所以能夠保持靈活，持續創新與成長，主要是因為它們總是前瞻地引進它們需要的新人才。其二，最好的員工總是尋求富有挑戰性的新機會，而且，儘管他們通常懷有高忠誠度，他們當中的許多人最終仍往別處尋求這樣的新機會。你永遠不知道他們何時會決定離去，你通常也無法留住他們。

我在前文中提及艾瑞克·寇爾森，在短短不到三年內，他從資料分析師晉升為資料科學與工程副總，直屬瑞德，管理四支很重要的大團隊。他從未預期到自己會被賦予這麼大的職責，當然更沒預料到會這麼快，他最近告訴我，他至今仍然非常感謝公司提供給他的機會。艾瑞克也喜愛他在 Netflix 時做的工作，他領導的團隊走在應用先進科技的前端，使用種種「大數據」的先進工具，例如機器學習。但是，擔任新職三年後的某一天，他告訴我，他打算去一家名為「Stitch Fix」的新創小公司，該公司使用資料分析結合來自個人造型師提供的建議，把建議購買的衣服宅配給顧客。我大吃一驚，心想：什麼？他要去做宅配購衣的工作？「艾瑞克，你還好吧？」我問。他說這家公司將成為服飾業的 Netflix，但我還是不能理解，問他為何對這東西感興趣。他道出資料分析的種種可能性，我問他：「你愛上了資料，對吧？」最終，艾瑞克離開 Netflix，轉去擔任 Stitch Fix 的演算長，領導那裡的團隊發展出高度創新的演算系統，以及結合機器學習和造型師洞見的一種新穎方法，把該公司推向快速成長。

在 Netflix，我們非常努力留住那些技能與經驗符合我們所需的優秀人才，但是，我們在高度競爭的人才池中運作，必須在建立優秀人才供輸管道方面非常前瞻積極。另一方面，由於串流媒體事業快速變化，我們也必須願意揮別那些技能已不符公司需要的員工，縱使他們過去表現優異，很有才幹。我們的人才管理大原則是：為 Netflix 追求的未來，打造最佳團隊。

正因如此，我才會說，員工留住率並不是評量你打造團隊的工作是否成功，或你是否塑造出優異組織文化的一個好指標。正確的指標不是看你留住了多少員工，而應該是看你有多少技能與經驗符合公司需要的優秀人才，你留住了多少這類人才？你招募了多少這類先進人員？你也必須明確監督你是否嚴謹評估你需要汰換哪些員工，以及你是否根據此評估標準，有效率地採取行動。

我並不是說，採行此觀點、且確實據以行動是件容易的事，解雇表現不佳的員工，已經是夠困難的事了，解雇那些表現優秀、但技能已不符需要的員工，那更是難上加難。但是，他們曾經任職於你的公司，有不錯的履歷表，能夠幫助他們找到下一個好工作，你也可以主動幫助他們。舊東家以高度傾向雇用優秀人才聞名，這是確保離職員工能夠在別處找到好工作的最佳做法，若經理人以這種方式運作，他們就能變得善於揮別員工，本書第八章對此有更多的討論，現下，我們先聚焦於招募優秀人才這個主題。

好工作不是指福利好

今天員工福利戰已經升高到荒謬的程度。幾個月前，我受邀對一家新創公司的全體員工（大約百人）演講，演講完，進行問答環節時，一名員工舉手發問：「我有一個很重要的問題想請教妳：在各部門分別設置生啤機，或全公司設置一台生啤機，妳的看法如何？」在當時，這家公司辦公室裡到處設有鞦韆與吊床。我回答：「這是什麼問題？你知道企業是如何運作的，對吧？」他說：「我不了解妳在問什麼。」我告訴他：「你為你的顧客提供服務，他們為此付錢給你，這錢用來支應營運成本，剩餘的是利潤。企業的運作，基本上就是如此，跟生啤機無關，公司的存在不是為了創造快樂的員工！」我環顧整個會議室，大家顯然很震驚。接著，我解釋道，員工快樂，這當然是好事，但若員工快樂的原因是他們和優秀的同仁一起做了優秀的工作，這對他們本身及公司而言是最好的。

曾經有一位企業主管問我：「我們公司沒有酒保或私廚，我該不該擔心這個呢？」要是有員工因為另一家公司為員工供應更好的精釀啤酒，就因此想離開你的公司，轉往那家公司，你應該對他說：「祝你玩得愉快！噢，咱們過些時日就在你那家公司歡聚一下吧。」

員工在工作上感到快樂滿意，不是因為公司供應了美味沙拉或睡眠艙或手足球桌，工作上真正且持久的快樂源自深度致力於解決問題，和那些你知道也深度致力於解決問題的能幹同仁共事，知道顧客喜愛你們努力打造出的產品或服務。

金錢買不到愛

在 Netflix，歷經時日，我們決定支付員工非常有競爭力的薪資，畢竟，我們得和 Google、Facebook 和亞馬遜等公司競爭優異的技術人才，我們相信應該付高薪給我們需要的優秀人才。不過，我們不想以薪資做為說服人才加入 Netflix 的主要手段。外面說 Netflix 給的薪資不錯，這無疑地有助於招募到我們想要的人才，但是，我們有個原則：在知道應徵者想接受我們的工作之後，才會和他們討論到薪酬。我們會和他們討論 Netflix 的薪酬理念，但不會跟他們談到數字。

根據我的經驗，在面試過程中，很早就談到薪酬的應徵者，要不就是他們目前的工作支付過低薪資，要不就是他們目前工作的薪資優渥，擔心你無法提供更高的薪資，或者，他們主要關心的是錢，對工作本身不是那麼有熱忱。我們不想純粹為了占便宜而去錄用先前工作薪資過低的應徵者；至於先前薪資優渥的應徵者，若他（她）是我們很想要的人才，我們通常也不在乎支付夠高的薪資去網羅他（她）。Netflix 不像許多其他公司那樣，制定了僵化的薪酬制度，薪資呈現常態分布的鐘形曲線，績效調薪預算固定為六%，並有嚴格的薪資級別；我們可以自由、彈性地給付必須支付的薪酬。所以，沒必要早早就和應徵者談待遇數字。我們想剔除那些主要關心錢的應徵者，我們會告訴他們：「我們不認為你適合我們公司，我們認為，在你職涯的這個階段，追求錢對你而言很重要，若是如此，去我們的競爭者那邊試試。」

我們也沒有獎金制度。若你的員工是把錢擺在第一位的成年人，年度獎金將不會使他們更賣力或更聰明地工作。我們對於股權獎酬的處理方式，也完全不同於多數公司，我們讓員工告訴我們，他們希望薪酬中有多少比例折算成股票選擇權，而不是把股票選擇權外加到他們的薪資上，股票選擇權是他們薪資的一部分。此外，我們沒有把股票選擇權當成「金手銬」（golden handcuffs），我們沒有限制員工行使股票選擇權的「待權期」（vesting period），我們每月授予他們股票選擇權，他們可以在十年間行使權利，這讓他們可以有更長時間等待股價上漲。

有一回，我和 Warby Parker 的執行長尼爾．布魯曼泰爾交談時，他說想聽聽我對於設立獎金制度的意見。我問他：「你想要這獎金是結合股權與現金嗎？」他說是。我又問：「你想根據公司績效目標、團隊績效目標、部門績效目標和個人績效目標來發放獎金嗎？」他說是。我再問：「我們上次談話時，你不是告訴我你們即將開設更多分店嗎？我們不是討論到這策略奏效的可能性是五成嗎？好，你現在想設立一個很複雜的制度，你必須向財務部、董事會和股票委員會解釋這制度，若它們同意的話，你必須搞個軟體來追蹤實際績效，拿來和績效目標相比，而且，你知道你其實並不確知訂定的那些目標是否務實。」他說：「但我想獎勵他們啊！」我說：「若你達成你預期的所有目標，事事順利，那就發給他們一堆錢、一堆股票吧，不需要搞一個根據績效目標的獎金制度。我了解你，我了解你的團隊，我知道獎金制度並不會激勵他們去做原本不會做的事。」

真正有效的激勵因子：人才密度、令人心動的挑戰

我們並不是在 Netflix 創立不久之後就了解到，最強力的激勵因子是有優秀的同事，以及應付艱難挑戰。不過，我們很早就了解到，必須非常嚴格保持公司的人才密度（talent density），我們不能對員工做出有關於在公司長

期任職的承諾，我們對此保持相當開放的態度，但是，歷經一段時日，我們發現，這並沒有阻礙公司吸引優秀人才。我和約翰・席安卡提談到這點時，他提出一番見解，我們希望員工真的是如此看待我們採行的方法，約翰說：「二〇〇一年裁員後，公司的人才密度變得很高，主管團隊開始談論 Netflix 是一家擁有優秀人才的公司，這些人才去到別處，同樣能夠有優異表現。我聽到人們說：『別期望你在這裡會有長期發展途徑』，但是，對我而言，和優秀的人共事，有成長機會，比向我明顯承諾有升遷途徑更為重要。」

關於才智多樣化

Netflix 常被拿來和 Google 比較，我們常和 Google 競爭相同的人才，不過，兩家公司的人才招募方法完全不同，因為兩家公司的事業成長途徑迥然相異。在招募經理人方面，Google 是個非常強勁的競爭者，但我們能夠一再招募到原本可能前往 Google 的優秀人才，是因為我們非常清楚闡明自身打造團隊和管理員工的方法，並未試圖仿照 Google 開出的條件來爭搶人才。

我和 Google 前執行長艾力克・施密特（Eric Schmidt）曾於昇陽電腦公司共事，Google 令我想起昇陽電腦的輝煌年代，那時，我們主要聚焦於盡己所能地招募更多的優秀人才，但 Google 更善於這麼做，因為它有非常宏大的目標：彙整全球資訊。試想，還有比這更宏大的目標嗎？所以，Google 盡其所能地招募更多優秀聰穎的人才，為他們提供可能需要的所有資源，要他們想出大量點子，再從中選取最佳點子，這是非常有道理的。Google 的領導人想驅動公司朝往許多方向，數量對他們而言很重要。Netflix 基本上只做一件事，因此，我們需要具有適切技能與經驗的人才去做這一件事的各個部分。在招募流程中，我告訴人們：「若你希望心智無拘無束地奔放，思考種種激進新奇、可能實現或不可能實現的點子，那麼，你應該去 Google。Netflix 只做一件事，那就是提供令顧客滿意的產品，所以，若這不是你的熱情所在，你應該去 Google 試試，那是一家卓越的公司，不過，這是兩家很不一樣的公司。」

我很不喜歡「A 咖」（A player）這詞兒，它隱含有一種分級制，決定誰最適合某個職務。常有人力資源專業人士問我，Netflix 如何做到只錄用 A 咖，我的回答是：「你知道嗎，有個島，島上只住 A 咖，只有少數人知道那個島在哪裡。」

出色的人才招募其實指的是出色的匹配，甲公司的 A 咖到了乙公司可能只是個 B 咖，反之亦然。人才招募與任用沒有一個通用的公式，只能靠非常努力以及種種評估來做到。很多 Netflix 的舊員工因為已經不適合我們接下來要做的工作，因此我們必須讓他們離去，但他們轉往別處任職後，表現依然優異。

尋找適任人才，主要也不是著眼於「文化契合度」（cultural fit）。多數人以為，所謂文化契合度不錯的應徵者，指的是此人可以和公司同仁把酒言歡，共飲暢談，這種方法通常是不正確的。人有種種個性，不同個性的人可能很適合你想填補的職缺。安東尼・帕克（Anthony Park）是 Netflix 招募到的最佳人才之一，他原本在亞利桑那州的一家銀行擔任程式設計師，表面上看來，一點也不像我們想要的合適人才，他是程式設計師，不是軟體開發者，非常沉默寡言，所以，我有點擔心他能否適應 Netflix 這種好辯的文化。我們之所以打電話給他，是因為有人告訴我，他設計了一種 Netflix 輔助應用程式，張貼在他的網站上。我們找他來進行了一天的面談，大家都很喜歡他，也喜愛他設計的應用程式。輪到和我面談時，談話才開始不久，他就面紅耳赤，我問他還好嗎?他說：「你們要給我工作機會，對吧？」我說：「是的。」他說：「你們會付我很多錢，對吧？」我說：「噢，你將不再為銀行設計程式了，你將來到矽谷，這裡的生活不便宜，我們提供的待遇將讓你和家人在這裡過上不錯的生活。」他看起來似乎有點手足無措，我再次詢問他還好嗎?他興奮地說：「你們將付我很多錢，讓我做我愛做的事！」我有點擔心他要如何融入他即將加入的高績效團隊，希望他們不會短短幾個星期就把他搞得筋疲力盡。

幾個月後，我出席他團隊召開的一場會議，會議上，大家爭論得很激烈，他突然開口：「我可以說話嗎？」整個會議室鴉雀無聲，因為安東尼這個人話不多，但當他開口時，總是說出聰明話。歷經這段時日，大家學會暫停下來，等他開口，他總是一鳴驚人，令大家不禁思忖：「哎呀，我怎麼沒想到這個呢？」現在，安東尼是個副總了。人可以調適於組織的風格，組織也可以調適於許多人的風格，文化契合可以雙向而為。

挖掘履歷表之下的東西

因為 Netflix 經常得尋覓具備稀有技術的人才，因此，我們總是很有創意地思考人才源頭。當年，我們尋找大數據專業人才時，甚至沒人知道這個「大」到底是什麼意思，我們不能只是搜尋履歷表，做關鍵字查詢，我們的招募人員必須想像各式各樣處理龐大資料的公司，這其中有許多是保險公司或信用卡公司。此外，我們的招募團隊沒有太多有關於如何深入探查人們技術的知識。貝登妮・布洛斯基（Bethany Brodsky）是 Netflix 最優秀的技術人才招募員之一，在進入 Netflix 之前，她對科技的東西近乎無知，但她非常了解我們的事業和需要解決的根本問題，她也深知，比起資歷經驗的匹配性，更重要的是潛在人才在解決問題方法的匹配度。

貝登妮告訴我，她做過最棒的人才面試之一，是原本任職專門從事核子科學的勞倫斯利佛摩爾國家實驗室（Lawrence Livermore Laboratory）的一個傢伙。當時，Netflix 開始進入串流業務，起初只有幾種娛樂設備：Xbox、Roku、TiVo。面試時，貝登妮告訴應徵者，在短短三十天內，這三項設備使用者的其中之一，有一百萬名加入 Netflix 成為新用戶，她問應徵者，這一百萬人是哪一種設備的使用者。在當時，TiVo 的業務正夯，因此，絕大多數應徵者回答：「當然是 TiVo」。但是，這個傢伙詢問貝登妮，這些設備的使用者要成為 Netflix 的訂閱戶時有無特別附帶條件，貝登妮告訴他，有的，若你使用的是 Xbox，必須是黃金會員才能成為 Netflix 訂閱戶。這傢伙說，那麼，這一百萬新訂閱戶一定是 Xbox 的使用者，他的理由是：既然那些使用者已經願意付較高價格成為 Xbox 的黃金會員，他們大概更傾向多付點錢成為 Netflix 的訂閱戶。他答對了，貝登妮由此判斷應該錄用他。

我也有一個類似的「啊哈」人才招募面談時刻，此人是克里斯汀·凱瑟（Christian Kaiser），原任職美國線上（AOL），管理一支二十五名程式設計師團隊。此前，我和該團隊的一些人面談過，因為他們做的技術工作相似於我們需要做的事。但是，他們全都不想離開美國線上，在當時，Netflix 是個遠比美國線上更誘人的公司，因此，我很疑惑，為何他們全都不想來 Netflix。我詢問他們，他們說：「我有個最棒的上司！他是我所見過最優秀的溝通者，我捨不得離開他。」於是，我告訴我的招募人員：「去把這傢伙找來。」見到克里斯汀時，我非常驚訝，他不僅有著濃厚的德國腔，還是個口吃者，我心想：「這傢伙是個優秀的溝通者嗎？」不僅如此，他顯然很緊張，因為他已經多年不曾為工作而面談了，這對他、對我，都相當痛苦。可是，當我請他用非常簡單的詞語說明他從事的極其複雜的工作時，他整個人都變了，儘管仍然口吃，但他給了我一個非常有趣生動的解釋，我頓悟：這就對了！他擅長把非常複雜的東西解釋得易於理解！克里斯汀加入 Netflix，成為一位傑出的團隊建立者，但他也總是毫不猶豫地離開他打造的團隊，去接掌新計畫，只因為那些是必須做的計畫。他重新定義了何謂「我的團隊」：他打造的優秀團隊縱使沒有了他的領導，仍然繼續表現出色。

在 Netflix，我們總是致力於有創意地更深入探究人們，更深入探索他們的履歷表。貝登妮曾經決定分析我們錄用過、且表現非常出色的所有資料科學家的履歷表，想看看能否從中找到他們的共通點。她還真的找到了：這些人全都熱愛音樂。從此以後，她和她的招募團隊在面試資料科學家時，總是去探查應徵者對音樂的興趣。她回憶：「例如，有時會聽到某人興奮地喊道：『我發現一個會彈鋼琴的傢伙！』」她的結論是，這些人能夠很容易地在左腦和右腦之間切換，這在資料分析工作上是一項重要技巧。

建立人才招募文化

Netflix 的經理人之所以必須高度參與人才招募工作，主要原因在於這家公司事業的技術特質，但我認為，所有公司都應該要求其經理人這麼做。所有徵才的經理人應該深入了解公司招募人才的態度與方法，並且非常詳細了解如何執行此方法，而且，這應該從管理高層做起。貝登妮曾經協助瑞德尋覓一個總監職缺的人才，他們在週四早上會面，討論該尋找怎樣的人選，翌日下午，瑞德發了一封電子郵件告訴她，他已經發出訊息給他在領英（LinkedIn）網站上找到的二十名可能人選，其中三人已經做出回應，他已經透過Skype和其中一人相談，他滿喜歡此人，想要他下週一前來面談。

當經理人對人才招募工作如此投入時，人才招募專員只會想使自己變得更具競爭力，貝登妮告訴我，她收到瑞德的這個訊息後，決心要尋覓更好的人選。（最終我們錄用瑞德找的那個傢伙，瑞德對此事洋洋自得了好些年！）

我們的人才招募專員負責指導那些想招募人才的經理人，他們製作投影片，逐一教導這些經理人。在指導過程中，他們詢問每一位想招募人才的經理人：「你的面試流程怎樣進行？你的面試小組有哪些成員？你如何安排人們前來面試？」招募人才的專員或經理人尋找潛在人才或面試應徵者的方法各有不同，Netflix最優秀的人才招募經理人也一樣，他們使用種種不同的方法來尋找及面談潛在人才，在 Netflix，我們有句話：「時時刻刻招募人才！」潛在人才來自各個地方，包括專業研討會、孩子足球賽的場邊、飛機上的交談等等。不過，有一些基本原則必須嚴格遵守，我甚至制定了一條嚴格守則：Netflix 的任何員工看到某個陌生人獨自坐著等候面試時，應該停下腳步，對此人說：「嗨，我是＿＿＿＿，請問你是？你來這裡面試工作嗎？你在等誰？我看看你今天的時程表好嗎？我會幫你找到下一個面談的對象。」我知道 Netflix 的員工都遵守這項規定，因為每當我比約定面試時間稍稍遲到時，我會對前來應徵者說：「抱歉，我遲到了，希望在你等候時，有人跟你交談。」應徵者總是做出類似以下的回答：「有六個人跟我交談過了。」

在 Netflix，和應徵者面談優先於招募人才的經理人的任何其他會議，這也是我們的主管團隊會議出席者可以缺席或提早離開的唯一理由。千萬別忘了：你評量前來面試的應徵者，他們也評量你。

我們的目標是，前來面試的每一個人在離開時都希望被 Netflix 錄用，縱使是我們不喜歡的應徵者。我們希望結束面試後，他們這麼想：「哇，這真是一次很棒的體驗，有效率，有成效，準時，詢問的問題切要，這裡人的很機靈，他們尊重地對待我。」我總是告訴人們：「縱使來面試的這個人不合適，我們說不定會喜歡他的鄰居。」

最終做出決定的是徵才的經理人，團隊成員可以提出他們的看法，我和我的團隊也會提供意見，但最終的決定落在團隊經理人身上（他們也是團隊績效的責任擔當者）。一旦做出決定，我們就會盡快採取行動，在 Netflix，人才錄用不需要經過兩個管理層級、薪酬管理部門和人力資源部門的核准，我的團隊人員直接和徵才的經理人商議，決定開給對方的薪酬、頭銜和其他任何細節。招募專員做基本作業，經理人向錄用者開出條件。在講求速度與效率之下，我們通常最終能夠贏得那些也到其他優異公司應徵面試工作的人才。

面試及錄用流程會留給應徵者對你們公司強烈的第一印象，不論是好印象或壞印象。

人力資源部門人員必須當自己也是商人

某天，我在一家新創公司和該公司的人事部門主管交談，她告訴我，他們計畫舉行一場公司外會議，討論她的團隊該如何更有成效地幫助新進人員在職務上步入軌道。她問我：「我應不應該邀請那些人才招募專員參加這場會議？」她顯然不知道是否應該邀請那些專門協助招募新員的人來參加這場有關新進人員如何就緒上軌的會議。很不幸的一個事實是，多數公司把人才招募視為一項與事業體區分開來的、非企業的工作，甚至不是一項人力資源工作，許多年輕公司把人才招募工作外包，或是僅在公司內部安排一些記錄員、驗票員、行政人員、議程填寫員。

歷經時日，Netflix 公司的人才招募策略演進成設立一個內部的人才招募公司，而且是素質一流的公司，因為我想找到最優秀的潛在人才。我自外部聘請潔西卡．尼爾（Jessica Neal）來掌管這個團隊。打造優異團隊是一項可觀的投資，但我提出這麼做的充分理由，清楚說明這麼做的投資報酬，包括免除支付給外面獵人頭公司的費用，長期而言，可以省下不少錢。

我也讓這個人才招募團隊清楚知道，他們被視為有益於公司事業的重要貢獻者，他們必須深入了解公司事業的需要。另一方面，徵才的經理人也開始把人力資源團隊視為他們的事業夥伴。

我告訴我的部屬：「我們是一個服務組織，但我們不是僕人」，我們的服務對象不是徵才的經理人，我們的服務對象是 Netflix 的顧客。我希望部屬都了解，他們必須如同產品經理和行銷同仁一般，熟知顧客的需要及渴望，他們必須了解並深切關心產品的創造。

從很多例子可以看出，我們的人才招募專員在公司事業中扮演重要角色，其中一個最顯著的例子，是當我們想跨入遊戲事業領域時。我們必須和每一個遊戲設備商談判合作交易，首先和 Xbox 達成交易，接著想要和任天堂（Nintendo）的 Wii 遊戲機達成交易，這對我們而言是跨入一個非常不同的事業領域，硬體設備的發展周期長達多年，而 Netflix 是一家過去每隔幾週就推出新版程式的網際網路公司。當我們終於和任天堂談妥交易的好消息傳來時，我問為 Wii 遊戲機發展內容產品的團隊主管：「我們公司有人了解任天堂的硬體嗎？」獲得的回答是：沒有。我問他，我們必須在多少時間內發展出 Wii 遊戲機的內容產品，他說大約八個月，若不能在這截止日之前發展出產品，我們就得再等兩年，才能上 Wii 遊戲機平台。

我回到辦公室，立刻打電話給貝登妮，告訴她：「停下妳手邊的工作，立刻來我這裡，我們得商議一下要如何建立一支 Wii 團隊。」時間快轉至八個月後，我們為推出 Wii 遊戲機內容產品舉辦一場盛大慶祝會，貝登妮站在我旁邊，她眼泛淚光，我問她怎麼了，她說：「沒事。我打造了這支團隊！我幫助推出了今天的 Wii 產品！」該團隊致詞時說：「感謝貝登妮·布洛斯基，沒有她，我們今天不會站在這裡！」這就是我想要的，我想要我們的人才招募者感受到他們對公司事業的貢獻，我想要我們的所有經理人感受到我們的人才招募者的價值與貢獻。

為了使他們有效合作，必須讓徵才的經理人當責。有一天，我無意間聽到我屬下最優秀的招募專員之一說，公司新來的一位主管並不認真於和她合作，她說：「他不回覆我的電話，不回覆我的電子郵件，我把一些人的履歷表傳送給他，他也不回應。我實在不知該怎麼辦，我們必須為他建立一支優秀團隊啊，我覺得我好像在耽誤公司發展。」我走上前，對她說：「我認為妳應該改去和別人共事，我來處理這事。」接著，我寫了一封電子郵件給那位新進主管，告訴他，我已經把原先那位跟他合作的招募專員改派到別處了：「我把她派到另一個計畫，因為你似乎對人員招募有你的方法，不需要她的協助。等你覺得需要我們協助時，再告訴我們。珮蒂敬上。」沒幾分鐘，他怒氣沖沖地現身我的辦公室，說：「這是怎麼回事？」我問他：「聽說她兩度安排跟你開會，都被你取消了，這是事實嗎？」他怒回：「我很忙吔，妳知道嗎，我一個人要做十個人的事。」我問他：「聽說她傳送了一些合格人選的履歷表給你，你都不回應，這是事實嗎？聽著，你最好明白，建立團隊是你的職責，不是她的。噢，順便告訴你，有另外三個人聽到她不需要再花時間在你那邊，很高興呢，她是個很優秀的夥伴，她可以幫你很多忙，但如果你不需要她，那很好。」

當我聽到徵才的經理人瞧不起優秀的人力資源專業人員的價值時，我很惱怒。通常，當我詢問經理人為何不更密切和招募專員合作時，他們會回答：「哎，他們不聰明，他們不了解我的業務或我們的技術。」我的回應是：「那就開始期望並要求他們了解啊！」你應該雇用聰明的人才招募人員，堅持要求他們成為如商人一般，深入了解你的事業和需要，讓他們參與你的事業運作，他們就會開始像商人一樣行事。

我有時甚至建議公司雇用商人來執掌它們的人力資源部門，而不是雇用人力資源專家。此人應該要詳細了解你的事業，了解你的事業如何賺錢，你的顧客是誰，以及你的未來策略，就跟其他部門或單位主管一樣。我不喜歡年度績效評量流程的原因之一是，它不僅占用人力資源部門的大量時間，而且往往和事業成果及服務顧客沒有任何實質關聯性。

我為一家「財星百大」公司提供顧問服務，我問該公司一位人力資源高階主管：「你能否告訴我，完成你們的年度績效評量，能夠影響你們的哪些事業績效指標？」他說：「珮蒂，我不了解妳的問題。」我再重複一遍：「完成你們的年度績效評量，能夠直接影響你們的哪些事業績效指標？」他說：「我不太明白妳在問什麼。」於是，我說：「會影響你們的營收、成長、獲利嗎？也就是我們用以評量事業績效的那些指標啊。」接著，我問他，他的人力資源部門人員花多少時間在年度績效評量流程上，他說：「這我真的不清楚，但是，值得。」在企業裡，除了這一項，不會有任何其他項目可以讓我們僅憑感覺「值得」，就花上這麼多的時間與心力！

想像一下，把花在績效評量流程上的人力與時間，拿來用於協作引進卓越人才，為顧客創造優異的產品或服務，是不是更值得做。

摘要

- 招募優秀人才是徵才經理人的最重要職責，他們應該積極開拓與建立他們的人才供輸管道，並在招募流程的所有層面領頭，他們是最首要的招募人員。
- 在保持領先方面，最成功的團隊與公司靠的是，眼光前瞻地補充它們的人才池。
- 員工留住率並不是成功打造團隊與否的良好指標，最佳指標應該是團隊的每一個職務都有優異的擔當者。
- 有時候，縱使是工作表現優異的員工也必須忍痛捨棄，騰出員額以引進新工作需要或是具有不同技能的優秀人才。
- 獎金、股票選擇權、高薪、甚至明確的升遷途徑，這些都不是吸引優秀人才的最有力因子。有機會和其他優秀人才共事，可以向他們學習，並且從事令人興奮的工作，這才是吸引優秀人才的最強力因子。

- 出色的人才招募並不是引進A咖，而是指出色的匹配——找到符合職務需要的優秀人才。甲團隊的高績效者到了乙團隊可能成不了高績效者。
- 挖掘履歷表之下的東西。有創意地思考優秀人才的可能源頭。別只是看以往經驗，考慮更廣泛的經驗，聚焦於潛在人才或應徵者的問題解決能力。
- 讓前來面試者對你的整個面試過程與體驗留下良好印象，讓前來面試的每一個人在面試結束時都希望獲得你們公司錄用。
- 人力資源專員必須也具備商人特質，確實了解你的事業運作，縱使是相當技術性質的事業。他們應該成為人才招募流程中有創意、前瞻的夥伴，所以，花時間向他們詳細解釋你需要怎樣的人才，這將帶來極大助益。

思考問題

- 若你團隊中的優秀人員離職，你能否立刻想到兩個可以洽詢以填補空缺的人？
- 你的事業即將發生什麼改變？你是否已經準備開始面試你需要的新人才，以防萬一這事業的變化比你預期的更早到來？
- 在尋找可能人才方面，你的方法及管道是否有創意？你是否花時間在你的專業人脈中培養人才線索？你是否把尋找潛在人才視為你的首要職責，抑或你只是等待招募專員為你尋找人才？
- 你應徵工作者的面試流程是否既體貼又嚴謹？
- 你認為那些協助你的招募人員是否充分了解你要徵才的那些職務的細節，以及你想尋找的人才的素質？

7 付給員工值得的薪資

——善用判斷來決定薪酬

在我的顧問服務業務中，薪酬是最棘手的主題之一。為招募到優秀人才，提供具有競爭力的薪資顯然是必要條件之一，不過，雖然多數企業想看齊市場薪資水準，但要做到這境界通常是艱巨的挑戰。我們可以從廣泛的產業調查取得有關於薪資的資訊，這些薪資調查資訊涵蓋每一個領域，並提供詳細的層級區分，非常詳盡。但問題是，工作並不是工具，人也不是，你需要填補的職缺的專業類別，可能和那些產業調查中涵蓋的職務說明不符。另一方面，任何潛在招募對象可能具有產業調查無法衡量的技巧，例如優秀的判斷力和卓越的協作本領。舉例來說，你需要一名軟體工程師，好，你想要一名嫻熟搜尋引擎發展領域最佳新技術的高級程式設計師嗎？而且，此人也必須懂得如何管理五個人的小團隊？噢，還有，你還需要此人夠了解線上廣告制度，以便有效和行銷人員共同研擬線上廣告策略？產業薪資調查不會告訴你這樣一個人才的薪資是多少，或是你應該付他（她）多少薪資。

薪酬部門花大量時間比較職務說明，盡他們所能，做出最佳推算，根據所有因素做出調整。但當然啦，這麼做仍然只會讓你對市場真實情形有基本了解而已。市場上符合這些資格的人才有多少呢？任何人力資源專業人士或人才招募經理都很清楚，很多時候，為了獲得你真正想要的人才，你基本上必須丟掉這些推算，對人力市場的實際需求做出回應。

不過，我發現，市場需求也不是決定你應該付給多少薪資的適當指南，因為市場需求是看當下，而人才招募應該看未來。我認為，普遍的薪酬制度在幫助我們推算許多新聘人員的價值方面，往往落後於曲線。比如說，你的招募專員幫你找到一位符合你需求的所有資格條件的軟體工程師，你對他（她）非常滿意，可是，他（她）也獲得另一個雇主（你的主要競爭對手）

開出的錄用通知書，薪資比你打算支付的要高出三萬五千美元。在決定要開出多少薪資時，你應該考慮若錄用這位很優秀、具備你需要的所有技能與經驗的工程師，能夠為你事業的未來做出什麼貢獻，而不是考慮第二人選，這第二人選可能和最佳人選差了一大截，而且，你可能得再花三個月去招聘這第二人選，因為你會不斷地去尋找技能與才幹相當於第一人選者。

那個優秀的第一人選可能幫你多創造多少營收？他（她）能否確保你的公司推出的新搜尋系統擊敗你的競爭者，尤其，他（她）是現在就開始動工，而非三個月後才動工？若他（她）發展的系統有效地幫助你的公司贏得目標顧客群，將可創造多少廣告收入？他（她）的管理經驗價值呢？他（她）領導的團隊中，會不會有優秀的團隊成員被別家公司挖角，但因為他（她）是個優秀的團隊領導人，因此反而決定續留你的公司？更遑論，若他（她）選擇加入你的那個主要競爭對手公司，你將蒙受多少價值損失，尤其是若你公司所屬的領域正處於快速創新期的話。

不論是目前的市場需求，或是產業薪資調查，都無法幫助你推算這些未來的附加價值。我並不是說產業薪資調查沒有標竿用處，但我建議別花那麼多工夫去比較蘋果與橘子——有關於別的公司支付多少，最好聚焦於你能為你想要的表現以及你朝向的未來支付多少薪資。

區分績效評量和薪酬制度

我在 Netflix 首先做的事情之一是，把我們的薪酬制度和評量反饋流程區分開來。我理解多數人很難接受這麼做是可能的，更別提要他們相信這麼做是合理的明智之舉。這兩種制度已經變得似乎糾纏在一起，難解難分，但事實上，績效評量流程和加薪及獎金計算的緊密連結，是導致企業無法廢除績效評量流程的主要原因之一，但這也是把兩種制度脫鉤的好理由之一。

抗拒把它們區分開來的主要理由是，把它們綁在一起似乎是鐵一般的邏輯。通常，公司採行的做法是：經理人對其部屬的評量，有時再加上部屬對其經理的評量，以及同儕評量，這些資料全部輸入一套軟體裡，根據預先訂定的級距，按照部門成果、事業單位成果，以及公司成果，產生建議的加薪額度。績效評量較佳者似乎意味此人對公司更有價值，所以，為何這不是一種決定薪酬的好方法呢？年度績效評量制度極其費時且效用不佳（後文有更多討論），此外，推算薪酬的方法沒有考慮到一些應該納入薪資決策考量的重要因素，其中一個因素是，員工在任職期間發展出的技能的價值變化。

考慮員工為你工作的價值

我並非打從從事人力資源工作以來，就一直認為有比根據績效評量來決定薪酬更好的方法，早年，我認為年度績效評量和薪酬推算流程實在太複雜，我討厭做這些，但我認為這種做法有其基本道理。我獲得啟迪而改變看法是在 Netflix 任職時，那時，Netflix 員工開始被競爭者以高薪挖角，有一天，聽聞 Google 開出兩倍薪資挖角我們的一名員工，我勃然大怒。這名員工的主管們很驚惶，因為他是很重要的員工，他們想大幅調高他的薪資，避免他跳槽 Google，但我堅決不從，認為我們絕對不可能付他那麼高的薪資。我和他的經理及多位副總透過電子郵件激烈爭議，我堅持：「不能只因為 Google 比上帝還有錢，就應該讓他們決定人人的薪資！」我們爭吵了許多天，甚至整個週末都在爭論這件事，他們一再告訴我：「妳不了解他有多棒！」我完全聽不進去。但星期天早上醒來，我對自己說：噢！當然！難怪 Google 想要他，他們說的沒錯！他一直在做某種非常有價值的客製化技術，這世上有此領域專長的人非常少，我突然醒悟，他在 Netflix 的工作已經帶給他全新的市場價值。我馬上發出另一封電子郵件：「我錯了，順便提一下，我查看了損益表，我們可以把這支團隊的每個成員的薪資調高一倍，沒有問題。」這個經驗改變了我們對於薪酬的思維，我們認知到，在一些職務上，我們創造了自己的專長和稀有性，僵化地固守內部薪資級距很可能在財務上傷害我們的最佳貢獻者，因為他們可以在別處獲得更高薪資。我們決定不再使用一種迫使員工必須轉往別家公司，以獲得符合他們身價薪酬的制度，我們也鼓勵員工經常去面試別家公司的工作，因為這是幫助了解 Netflix

的薪酬水準，在市場上是否具有競爭力的最可靠、最有效率的方法。

付市場頂尖水準薪酬的好處

我們也認知到，預先訂定薪資級距，使 Netflix 的薪酬水準成為市場上最高的前幾個百分位數，這種普遍盛行的實務，並不能確保我們能夠招募到需要的優秀人才密度，我們決定致力於支付市場頂尖水準的薪酬。我提供顧問輔導的許多對象說，他們公司特定職務的薪資力求達到市場水準的某個百分位數，例如第六十五個百分位數，這其實指的是該公司擔任此職務的員工當中有六五％的人薪資低於業界平均薪資，只有三五％的人薪資高於業界平均薪資。也許有人認為這聽起來很不錯了，但這種數學不僅有問題（因為如前所述，職務其實無法僅僅如此比較），也往往無法為你招募到你想要的最佳人才，這種盤算使你完全無法獲致你想要的結果。所謂參照市場水準，不應該意味著把你公司的薪酬，釘住整個市場級距的某個固定水準，應該意味著估計某人在你需要的期間做的那些工作的整體市場價值是多少。

經常有人告訴我：「可是，我們付不起市場頂尖水準的薪酬啊，Netflix當然可以這麼做，因為Netflix生意興隆，我們沒有Netflix那樣的成長率，也不像Netflix那麼賺錢。」這話說得也有道理，或許，你的公司根本不可能或至少在近期內不可能讓每個職務都支付市場頂尖水準的薪酬，那麼，我建議你辨識出最有潛力提升你公司績效的職務，對你能為這些職務找到的最佳人才支付市場頂尖水準的薪資。想想看，若你能支付市場頂尖水準的薪資，引進一位超能幹且經驗豐富的人才，一個人可以做兩個人的事，甚至創造比這還要高的價值呢？關於銷售團隊，有個著名的「八〇／二〇法則」——你公司八〇%的銷售營收是由二〇%的銷售人員創造出來的，這法則大致也廣泛適用於其他類別的員工，我在一支又一支的團隊中看到類似這樣的效果。

發表於《哈佛商業評論》、由貝恩企管顧問公司（Bain & Company）所做的一項有趣調查，為此策略提供了強力支持，這項調查分析二十五家全球公司的人才分布後發現，平均而言，一家公司只有一五％的員工是明星績效者，不過，最成功的公司和其他公司之間的一大差異在於，它們的明星績效者擔任的職務角色性質。該文寫道：「最佳公司刻意採取非平等主義」，意味的是：「它們讓明星績效者聚焦於這些人能夠對公司績效產生最大影響的領域，其結果是，絕大多數（高達九五％）與公司事業利益攸關的職務角色都由 A 級人才擔當。」在其他公司，明星績效者則是廣布於各個部門。⑥

另一個我常聽到反對以市場頂尖水準薪酬引進明星級績效者的理由是：這麼一來，他們的薪資將比其他新進團隊成員高出很多。我知道，這種不均衡似乎不公平，我在 Netflix 採行這種做法時，也遭遇到反對，比如說，我們想引進原任職另一家公司的某人，他在原公司的薪資是 Netflix 這部門其

---

⑥ Michael Mankins, "The Best Companies Don't Have More Stars—They Cluster Them Together," *Harvard Business Review*, Febuary 3, 2017, https://hbr.org/2017/02/the-best-companies-dont-have-more-stars-they-cluster-them-together.

他人員的兩倍左右，有時候，該部門主管會問我：「這是否意味我付給我部門人員的薪資，比他們的實際價值少了一半？他們是否全都被少付了一〇〇％的薪資？」此時，我就會反問：「喔，這個新人是否能夠使我們前進得更快，或許比以往快上一倍？我們雇用他之後，試問，你的團隊中有誰可以取代他在原公司的職務？」回答通常是：「嗯，是啊，用這個人，我們的速度將可以快上許多」，以及：「的確，他們當中沒有人能夠取代他，因為他們沒有他擁有的經驗。」

在Netflix，我們也決定對招募的新人才支付市場頂尖水準的薪資，而非只是比他們之前的薪資高出一個被廣為認可的合理幅度，但我們將要求他們展現高績效。舉例而言，一經理人面試背景相似的兩人，一男一女，女的原工作年薪十三萬美元，男的原工作年薪十五萬美元，這是存在已久的薪資性別歧視導致的差異，算是很普遍的現象。他們同等優秀，試問，這位經理應該對這兩人開出相同年薪十六萬美元嗎？答案顯然為「是」，但是，當我提出此建議時，通常得到這種回應：「瘋了嗎？我們開十四萬美元給她，她就已經開心死了！」經理人通常也會回應，多花公司不必花的錢，是不負責任的財務行為。不過，這是只想著維持在預算內，沒有考慮此人將為你創造的價值——大概是多年的價值，而非只有目前這個會計年度而已。更別提這種根據以往薪資來開價的做法，導致女性在勞動力市場普遍薪資較低的歧視現象長久因循下去，公司應該覺得不公平、不能接受的是這種不平等，而非那導因於績效貢獻不一而形成的薪資不均衡。

根據我的經驗，若你一心一意聚焦於招募你能找到的最佳人才，你幾乎總是會發現，他們對事業成長的貢獻價值遠超過你多付給他們的薪酬。

有關簽約金的奇想

為應付優秀人才薪酬提高的市場競爭壓力，許多公司採行的方法之一是提供獎金或其他額外補助，但這些東西已經變得愈來愈複雜、且思慮不周。

我任職寶蘭軟體公司時，我們想招募一個住處距離公司三十英里的傢伙，那個部門的經理要我在開出的條件中，加上一筆遷徙安置津貼，我說：「什麼？他家距離公司三十英里，他不會搬家的。」那位經理說：「哎，反正他會喜歡這個。」那還用說嗎，你給他們一部新車，他們也會喜歡，難不成你也應該給他們新車？

謹記一點：你在錄用通知書中寫明包含的簽約金，並非薪資的一部分，而是一次性的簽約獎勵，你認為你已經言明，明年考量此人的薪酬時，這部分將不會被納入。但是，他們一定會把這部分考量在內。舉例而言，你開出的薪資是年薪十二萬美元（高於他們的原職薪資十萬美元），並且額外加了兩萬美元的簽約金，你很清楚，他們不會把這兩萬美元用於搬家。第二年，你對他們加薪六%，他們的薪資實質上從十四萬美元變成十二萬七千兩百美元，你認為他們會開心嗎？

透明化有助於參照市場薪資水準

大多數公司堅持薪資及其他酬勞資訊應該保密，我提供顧問輔導的一位公司創辦人告訴我，薪酬資訊就像醫療資訊。其實不然。公司花那麼多錢去取得薪資調查資料，但最令人覺得不可思議的事情之一是，它們通常不和員工分享這些資料，照理說，公司可以拿這些資料來向員工溝通公司支付的薪資水準。之所以不和員工分享這些薪資調查資料，部分原因是太多公司遵循的薪資原則，低於市場頂尖薪資水準百分位，它們擔心員工得知後，會覺得他們應該獲得更高的市場薪資水準。此外，這些公司也認為，若特定員工得知某些工作價值與他們相當的同仁獲得的薪資比他們還高，他們會做出嚴正反應。

薪資無疑是人們最愛牢騷與八卦的事情之一，但這也正是應該對薪資更透明化的一個好做法。透明化讓你可以向員工解釋其他人為什麼拿那樣的薪水，為其間的差異提出好理由，有助於強化公司的績效導向文化。若你沒有一個好理由可讓你公開和員工分享薪資資訊，那麼，你或許應該認真想想為什麼。

長久以來，我相信，為確保公司支付的薪資合宜合理，最好的方法之一，是和員工坦誠討論薪資及其背後理由。人們之所以認為揭露薪資資訊將具有煽動作用，主要原因之一是薪酬往往不合理，這取決於上司對員工的喜惡程度或員工年資，而非根據員工對組織績效的貢獻度。若你根據員工的實際貢獻度來決定他們的薪酬，你就可以對員工說：「我知道她的年薪是三十二萬五千美元，似乎比你的年薪高出太多，但是，你看這些紀錄，她五度扮演重要關鍵角色，幫助我們擺脫非常棘手的困境。還有這個，這是她的優秀決策為公司貢獻的淨價值。」當然啦，這種透明公開必須非常審慎為之，向員工溝通為何要分享薪資資訊，以及個別員工獲得其薪資的背後理由。

你可能會懷疑，我這是不是在主張薪資應該和績效評量關聯在一起呢？不。我只是主張薪資應該取決於員工的實際績效貢獻，如此而已，你可以照常使用一般的績效評量，但這兩者之間存在很大的差別，關於這點，最強而有力的證明應該是以下這個普遍存在的問題：在相同職務工作和相似的績效貢獻之下，女性的薪酬仍然低於男性。薪資資訊透明化將有助於加速解決這個問題。

人們常宣稱，矽谷之所以無法把女性的薪酬提高到男性薪酬的七〇％以上，原因在於女性不善於和資方談判她們的薪酬。但我認為，更大的原因是偏見，還有，女性主要擔任人力資源部門及財務部門的工作，傳統上，這兩個部門的待遇偏低。人力資源專業人員的最高薪資大約是科技人員薪資的一半，這有部分是因為供需——科技人才的稀有性較高，但也反映了另一個事實——難以估量這兩個部門人員對事業績效成果的貢獻度。當我建議企業把女性員工的薪資提高到與男性員工齊平的水準時（當然，前提是把客觀的績效成果貢獻度考量在內），我通常得到強烈反對：「我們不能這麼做！」我向一位執行長提出此建議，他說：「我的律師絕對不會讓我這麼做。」我問：「你的律師在擔心什麼？」他說：「呃，妳知道的，我會被告的。」我說：「你把你公司女性員工的薪資調高，她們會告你嗎？我不認為會發生這種情形。」

他回答：「不，不，不是的，她們會認為我這麼做等於承認我以前做錯了，然後因此控告我。」我說：「你錯了！」這才是問題所在。

想讓女性更善於談判她們的薪酬嗎？那就提供能夠幫助她們據理力爭的資訊吧，我保證，有了這些資訊，許多女性將能為自己談出更好的薪酬。

摘要

- 任何一項職務的技能與才智需求將不會完全符合一個樣板的職務說明，公司不應該根據樣板來預先決定薪資。
- 薪資調查資訊總是落後於當前的市場境況，因此，別只根據這些資訊來開出薪資條件。
- 不要只考慮你們公司目前能給得起這位想招募的新員工多少薪酬，也要考慮在此新員工可能為你們公司創造更多價值的情況下，你將能給得起他（她）多少薪酬。
- 別考慮讓公司的薪資水準達到市場薪資水準的某個百分位，應該考慮支付市場頂尖水準薪資，就算不是所有職務都能支付這種頂尖薪資，至少，那些最攸關公司事業成長的職務，應該以市場頂尖水準薪資來招攬優異人才。

- 簽約金可能導致新進人員在翌年產生被減薪的印象；更好的做法是支付必要的頂尖水準薪資，以引進優異人才。
- 透明化，讓員工知道薪酬資訊，有助於對薪資做出更好的判斷，減少偏見，也提供更坦誠溝通的機會，討論個別員工對公司績效的貢獻度。

思考問題

- 你的團隊成員是否自加入此團隊至今已經在技能與能力方面有了相當的成長？你覺得他們現在的薪酬是否與他們現在的貢獻度相稱？
- 你是否知道你的某個團隊成員最近有另一家公司來接觸、嘗試挖角他？你是否告訴你的所有團隊成員，你希望他們坦誠與你討論這種情況？
- 你認為預定薪資限定在多少範圍內，會阻礙你建立最棒的團隊？
- 若你能夠依你所願及想要地招募人員，你認為你的團隊能夠創造什麼績效？你是否能夠根據此理由，說服公司管理階層？
- 若你能夠據理爭取公司同意你以市場頂尖水準薪酬來招募特定職務的擔當人才，這些是什麼職務？為什麼？

• 你是否經常檢視你的公司或團隊支付的薪資，以辨察是否存在非刻意的偏見？這種檢視工作未必需要大費周章的大數據分析，或許只需檢視每一個職銜的男性與女性擔當者的平均薪資，就能辨察是否存在偏見現象。

8 好聚好散的藝術

——快速做出必要改變，當個令人懷念感佩的前東家

我任職 Netflix 時，有一位負責改善公司搜尋功能的工程總監，這項工作是公司的優先要務之一，因為串流服務業務正在推展，必須讓人們更容易搜尋我們供應的內容產品。Facebook 當時的事業也處於起飛階段，這位工程總監開始主張 Netflix 應該和 Facebook 合作，在 Facebook 上建立高能見度，他在一次公司會議中激昂陳述這項主張。公司高階主管團隊的回應是，Facebook 並不在我們的前五項優先要務之列，改善我們的搜尋功能才是，主管們重申改善搜尋功能的重要性，希望他聚焦於這項非常重要的工作。但他一再爭論登上 Facebook 的重要性，最後，我決定找他談談，我告訴他：「我們

全都知道你對 Facebook 的想法，但你在公司負責的是搜尋功能工程。或許你應該去 Facebook 那邊工作，他們一定會馬上錄用你，我們將會非常想念你，可是，你說我瘋了也罷，我們需要的是幫助我們提升搜尋能力的人。」他是個聰穎優秀的人才，但我們需要的不只是聰慧，還得是一個既聰明又真心想領導團隊做好這件工作的人。最終，他離開 Netflix，轉往一家新創公司，他的一名團隊成員取代他的職務，並且熱愛這份工作。

領導者應該清楚地向公司每一個人溝通公司朝往什麼方向，以及未來將出現的挑戰與機會，這麼做的好處之一，是讓員工更能夠評估他們的技能在那個未來的適用程度，他們也可以考慮自己是否想參與那個未來，若否，他們可以積極尋找新的工作機會。

還記得前文提到，有位工程師一再向我嘮叨說，他認為 Netflix 的管理高層不了解在 Netflix 工作的情形已經大不同於早年嗎？其實是他沒有興趣在一家大型企業裡工作，另一方面，Netflix 總部位於新創公司溫床地帶，聰慧如他，很快就開始環顧那無比活躍的新創業界，尋找符合他熱愛的工作環境的新機會。我們全都應該做好周期性地轉換工作的準備，可能是在公司內調整職務，可能是轉換至另一家公司，這是為了以自己熱愛的方式工作，或是做自己熱愛的工作。若我們表現得不夠好，公司也應該告知我們，好讓我們快速做出修正，或是轉換至另一家更合適的公司。

每賽完十場就做一次表現評量與檢討

把公司比喻為球隊，非常有助於人員的管理，原因之一是，人人都能了解，若教練不換掉表現不佳的球員，其餘隊員將被拖累，球迷將會失望。球隊成功與否，唯一的評量是比賽輸贏，因此，頂尖球隊總是快速換掉表現不佳的球員和教練。

我不是一個超級運動迷，但我可以說，我是優秀球隊教練的超級粉絲。從事顧問服務業以來，我有時受邀對職業球隊教練演講，有一回，我前往加拿大蒙特婁的貝爾中心（Centre Bell）參加一場專題帶領討論會，那是舉世最大的冰上曲棍球球場，也是蒙特婁加拿大人隊（Montreal Canadiens）的主場球場。我和另一位即將一起上台的史考第・鮑曼（Scotty Bowman）站在等候區，我以前從未聽聞過此人，他是國家冰上曲棍球聯盟（National Hockey League, NHL）的退休教練，生涯成就輝煌，是ＮＨＬ史上獲勝場數最多的教練，執教過許多球隊，包括蒙特婁加拿大人隊、匹茲堡企鵝隊（Pittsburgh Penguins）、底特律紅翼隊（Detroit Red Wings），在他麾下，這三支球隊總計奪得九座史丹利盃（Stanley Cup，ＮＨＬ的冠軍獎盃）。

等候上台時，我們隨興地聊到高爾夫球和他的孫子女，他指著天花板，對我說：「珮蒂，妳知道嗎，我們現在站在冰下呢。」我對冰上曲棍球一無所知，但在此地和他會聚一堂，令我感到興奮。主持人先介紹我出場，我在聽眾的禮貌掌聲中走上台，身處這龐大球場，有三盞巨大聚光燈照著我，看到我的臉孔出現在有如廣告看板的超大螢幕上，我有點被嚇到。接著，主持人介紹史考第出場，他走上台時，聽眾為之瘋狂，那一刻，我意會到他是冰球界之神，而我身處這座他曾經率領球隊贏得許多勝利的著名冰球場上。主持人問史考第：「鮑曼先生，你執教過那麼多著名球員，使他們獲致巨大成功，你的祕訣是什麼？你如何對他們提供反饋？」史考第說：「我們一季有八十場比賽，每賽完十場，我和他們個別坐下來檢討，我帶來每個球員在這十場比賽的所有表現統計數字，我也請其他人——其他教練和其他隊員對此球員提供反饋意見，這球員本身也帶來一份自我評量，我們討論他接下來十場比賽該如何做。」

主持人說：「謝謝你，鮑曼先生！」然後，他轉向我，說：「珮蒂，妳向來以不相信年度績效評量聞名，但我從未聽過妳建議以什麼取而代之。」我指著史考第，回答：「就是他所說的！」

年度績效評量制度的問題，不僅僅在於此制度的僵化，以及它和薪酬決策的太過緊密連結，它也非常耗費時間與成本。而且，儘管花了那麼多時間及資源，大體來說，並未做好提供反饋及所需指導。太多經理人太過倚賴這種一年一次的制式評量來告訴員工他們表現如何，為他們訂定目標。若你是個沒有職權可以廢除年度績效評量的經理人，沒關係，你可以開始經常性地和你的部屬進行史考第・鮑曼所說的那種一對一檢討，這種方法更有成效，也更有人味兒。當出現績效或表現問題時，你愈早和員工檢討，他們愈能看出自己在哪些方面做得不夠好，並做出修正。員工常在年度績效評量中，因為多個月前的表現缺失而遭到抨擊，他們很合理地心想：「你不能在多個月前就告訴我這個嗎？拖到現在要決定加薪幅度時才說，連個讓我改進的機會都不給，好了，這下，你就有理由給我蹩到不行的加薪了。」

我也認為，在評量員工的績效與表現時，提供來自其他團隊成員和同仁的反饋意見，非常有助於他們獲得重要觀點。若負面反饋意見是來自上司以外的人，我們較不會在心裡為自己辯解，認為負評純粹是出自上司對我們的偏見，或上司對我們看不順眼。

何不乾脆廢除制式評量？

我曾經針對一家大公司的績效評量流程，詢問該公司人力資源長一個問題。該公司的高階主管團隊想要我輔導他們改善此流程的成效及效率，我告訴打電話給我的這位人力資源主管，我不認為他們真想要我提供顧問服務，因為我確信他們不會喜歡我提出的建議。她仍然極力邀請，於是，我同意和他們進行一小時的電話會議。電話會議當天，該公司的 IT 主管比其他主管先到場，我問她：「嘿，妳對你們那邊的績效評量流程感覺如何？」她說：「我討厭它！我有一支很大的團隊，我們現在正進行績效評量當中。妳想，為何花了三個星期才搞定這場電話會議的時間？因為我們正在進行績效評量，沒人有時間做其他事啊，我們全都得停下幾乎所有事，只為了做這績效評量，花費的時間多到荒唐。」

其他主管都到場後，我提出了我向來喜愛針對績效評量流程質疑的問題：「你們有任何證據可以證明年度績效評量對你們的事業有價值嗎？」一如絕大多數公司，這家公司從未對此做過分析。那位人力資源主管說：「呃，珮蒂，我們想知道如何使這流程變得更有效率。」

若你找不到充分且牢靠的資料證明，年度績效評量對你的重要事業績效指標有所貢獻，那我強烈建議你去遊說管理高層廢除它。我在那場電話會議中建議那位人力資源長廢除年度績效評量制度時，她回應：「嗯，那我們該做什麼呢？」這是個好問題。不少優異的大小公司已經廢除傳統的年度績效評量制度，改採新方法，埃森哲（Accenture）、德勤（Deloitte）、奇異（General Electric），以及許多其他公司已經得出相同於Netflix的結論：年度績效評量有缺失，且太花時間。許多公司發展出更好的方法，我任職Pure Software時，我們已經改採季評量制，遠優於年度評量制，這或許是不錯的第一步。我曾向一位執行長建議這個，他說：「可是，我發現年度評量的資訊很有價值」，若果如此，那很好，可是，想想看，時間間距更短、頻率更高的評量，提供的資訊是否更有價值？

我了解，許多公司無法一舉全面廢除如此繁複的流程，那就先在公司的一個部門或事業單位嘗試這麼做，看看結果如何。或者，你也可以採取逐步漸進方式，奇異公司就是這麼廢除該公司行之數十載的績效評量流程。該公司首先對全球各地三萬多名員工推出績效評量制度的改變先導測試，並讓他們提出如何改善評量反饋制度的意見，接著，該公司又實行一種使用行動應用程式的新方法，一整年都可以持續不斷地提供即時的反饋意見。

說到這個，接下來談談盛行的績效評量流程中的另一個部分，我建議大舉改進這個部分，或是乾脆廢除。

廢除PIP，或確實幫助員工改進績效

一般觀念認為，公司應該把它想要解雇的員工列入「績效改進計畫」（performance improvement plan, PIP）裡。PIP的執行往往非常殘酷，因為它們其實是意圖證明某員工不合格、不適用，因此有理由解雇，但實際上，問題往往根本不是此人非高績效者，或此人沒有潛力在另一家公司的另一個職務工作上成為高績效者。被列入PIP名單裡的員工，往往不是工作上有什麼錯，或是不努力，或是和同事、上司的互動有問題，他們可能是很優秀的人才，只不過他們擔任的職務內容已有所變化，以致不再適任，或是他們

無法在公司需要執行的未來工作上有優秀表現。公司的業務有所變化而需要新技能，但原職員工欠缺這些技能，這不能構成你把他們列入ＰＩＰ中的理由。

我也發現，你錄用了某些人，結果，這些人無法勝任工作，問題並不在這些人身上，問題出在你的招募流程。是你雇用了不適合這些職務的人，錯不在他們，所以，你不應該使他們覺得自己有問題、很無能。

在考慮必須解雇哪些員工時，若能這麼思維，就可以更誠實地和這些人溝通，不需要中傷他們，不需要把他們描繪成失敗者。我們應該指出，他們不合適於我們的需要，這不是針對個人，也不意味對方是失敗者，純粹只是他們的技能與訣竅不符團隊目標所需。當然，這麼做不代表對方不會感到失望、難過、不滿或憤怒，我也曾經難過、甚至流淚揮別許多員工，但最終，人們都能夠理解，他們會感謝你沒有對他們撒謊。

在我的人力資源專業職涯中，我花了很多時間在ＰＩＰ上頭，我認為有可能把ＰＩＰ做得很好，後文對此有進一步討論。不過，開始和 Netflix 的程式設計團隊更密切共事後，我了解到，有時候，與其一再試圖改進某些員工的表現，還不如快速讓他們轉往新工作，這樣對大家都有益。我看到一些團隊一再表現不佳，我發現，並不是那些人工作不賣力，他們也非常盡心盡力，只是不懂或不擅長他們正在做的工作。固然，有時候，經理人及同事可以提供教導，但很多時候，團隊擔不起這樣的拖延，必須有效率地找到馬上能夠上手執行工作的人。而且，花長時間去幫助員工改進，往往只是阻礙他們轉往別的公司做更合適他們的工作，獲得更好的進展。

Netflix 的一支團隊錄用了一個所有團隊成員都很喜愛的傢伙，可是，我和他面談後，相當確信我們應該再尋覓另一個更合適的人，但那團隊說：「不要！我們會教他，我們會讓他趕上速度。」我說：「也許吧，但你們幫他趕上的是我們現在需要的速度，不是六個月後需要的速度。」但他們仍然堅持錄用此人。六個月後，那可憐的傢伙速度更落後了，他的團隊非常失望，而且瘋狂地忙於彌補他的不足。我打電話給蘋果公司人力資源部門的一個熟人，向他們推薦這傢伙，他還沒從 Netflix 正式離職，就已經在蘋果公司獲得一份很棒的新工作。離開 Netflix 的最後一天，他來找我，送我一大束花。

當然，也有 PIP 流程真能幫助員工做出重要績效改進的許多情況，PIP 應該以此為唯一目的，而非被拿來做為解雇員工的一種過渡手段。若有明顯方法可以幫助某個員工在合理期間內，有效改進一項或一套技能，我會說：很好，就這麼做吧。那些技能可能不是學習一種新程式或嫻熟於做簡報說明之類的職務基本技能，它們可能是偏向質性的、軟性的技能，例如變得更富有團隊精神，或是學習如何更善於管理他人，我見過許多員工顯著改進他們的人際關係技巧。重點在於務實地考慮員工有沒有可能在一定期間內達成顯著改進，而且，這是你把員工列入 PIP 的真正目的，並非意圖藉此解雇他們；若否，你就不應該讓他們歷經 PIP 流程。

員工控告公司的情形很少見

許多人反對我廢除ＰＩＰ的建議，因為他們認為，為避免公司遭到員工控告，這是必要流程。我認為，抱持這種觀點的人並不了解和公司興訟是多麼困難、多麼費時的事，許多這類訴訟得耗時多年。根據我的經驗，人們控告前雇主，多半是因為他們認為自己受到不公平待遇，但這並不是因為前雇主把他們列入ＰＩＰ，通常是因為前雇主應該誠實告知，有關於他們的表現或適任度的問題，但公司沒有這麼做。我發現，若人們氣到提告前雇主，通常是因為前雇主沒有先警告他們：「你真的很糟糕，令我們抓狂，若你再繼續這樣對待他人，我們只好請你走人！」或者，若預期未來市況將明顯不同於現在，前雇主應該先提醒他們：「我想讓你知道，六個月後，我們的業務要成功應該是怎樣的面貌，那將非常不同於現在的情況，需要明顯不同的一套技能及做事方式。若我現在從無到有地招募人員，組成一支團隊，我不確定我會錄用你。」這類談話或許相當困難，但很誠實，也讓你可以更好地評估此人能否調適，或甚至有無做出調適的意願。通常，人們很清楚他們沒有把工作做好，他們心裡其實並不好受，和他們坦誠討論問題，其實有助於減輕他們內心的痛苦壓力。Netflix 有個員工在被他的經理告知公司必須解雇他後，告訴我：「他給了我夠長的繩子去吊死自己，我吊了兩次。請轉告他，他其實大可把繩子縮短一半，因為在五十英尺之前，我就已經知道了。」

把ＰＩＰ拿來做為避免被控告的一種手段，其實很諷刺，這麼做只會把員工的憤怒之火煽得更旺，這全都只是因為害怕誠實溝通。

關於「員工投入」

「engagement」（投入）這個字被用於商管領域時，我討厭它的程度一如我討厭「empowerment」（賦能）這個字。在一場只有人力資源專業人員參加的研討會上演講時，我問：「在座有誰曾經解雇員工？」所有人都舉手。我接著問：「好，有誰曾經解雇過家人？」沒人舉手，我說：「有誰天天在公司使用『家庭』這個字眼？」

在我的傳統人力資源職涯中，我的大部分工作是關係治療，人們經常要我去居中輔助上司與員工之間的諮商會談，後來，我不再同意這類請求，因為我每次嘗試干預，都引發反效果。其實，最重要的是教導經理人及所有員工坦誠溝通他們對彼此的看法及疑慮。

我討厭在工作生活中使用「engagement」這個字眼的另一個原因是，它隱含員工績效表現有問題，通常都是因為他們對自己的工作不投入。咱們實話實說吧，這種人是低垂、明顯的果實，很容易處理的，若只需開除那些不投入的員工，就能獲得高績效的話，那所有公司都能很容易地欣欣向榮了。

我最近和一位很聰慧的人力資源部門新任主管交談，她敘述的故事可資告誡，那些太過聚焦於員工投入度的公司。她任職這家公司才八週，但已經對員工投入度與績效表現的關聯性做了令人大開眼界的分析，她仔細檢視該公司調查員工滿意度與投入度後繪製的熱度圖，把這些調查結果拿來和團隊績效對照比較。她告訴我，好消息是，熱度圖大部分呈現綠色，意味著高員工滿意度及高員工投入度；但壞消息是，績效低於平均水準的團隊和績效優異的團隊同樣呈現綠色，顯見員工投入度和績效表現之間並非純粹的正相關。她做出改變，在滿意度與投入度之上附加其他事業績效指標，使該公司開始更有效地辨察，績效優秀團隊和績效欠佳團隊之間的差異因素。

根據我的經驗，高績效者其實常對其團隊表現感到不滿意，而不是對事事都感到滿意順心，他們往往在一定程度的不滿意之下，追求更好的表現與成果，歷經更多艱辛，獲致更佳成就。公司應該促進的是這種致力於追求成果的精神與行為，而不是讓員工認為只要努力工作，公司就會支持他們。

我們不應該對員工做出不實的工作飯碗保障承諾。我提供顧問服務的一位執行長問我：「我們公司將搬遷至一棟新大樓，我們不想把電話客服中心也搬遷到那裡，我認為，現在最好是把電話客服作業外包，我該如何處理那些人員呢？」我問他：「你為何對他們撒謊？」他說：「妳說什麼？我絕對沒有那麼做，絕對沒有！」我問他：「據說，你曾經說過，每一個進入這家公司的員工都有前景，只要他們努力，願意做出貢獻，就能一直在這裡發展。這是真的嗎？」他說：「是，我的確說過這個，但那是幾年前！」我說：「嗯，你的員工現在仍然天天引述你說過的這些話。」不實的承諾只會導致人們覺得被背叛。

常有人在聽完我的演講後，上前詢問我有關職涯建議，我告訴他們：「你應該當個終身學習者，持續取得新技能和新歷練，這些不一定要在同一家公司裡取得。有時候，一家公司錄用你做一些工作，你完成那些工作後，一切就該結束了。若我雇人為我改建我的車庫，改建完成後，一切就結束了，我不需要他們改建我的房子的其他部分。」

我的人才演算法

我告訴經理人，在評估他們團隊的人事決策時，可以使用一個簡單法則，我稱它為「演算法」(algorithm)，因為工程師喜愛這個字眼，而我喜愛工程師。這個簡單法則是：此人愛做、極擅長做的事，是否正是我們需要他

（她）精熟之事？

當思考任何其他的事業活動時，也是使用這個思考法則，這是一種思辨，在決策時，不帶感情。員工也可以使用這項演算法來評估，他們是否應該繼續留在這家公司，抑或應該開始另尋更合適的新工作。

使用此簡單法則的另一個好處是，它可以幫助招募人才的經理人評估某人的才能與熱情，而非只著眼於他（她）不能做什麼，並幫助他（她）尋找更合適的下一份工作。有一個很荒謬的傳統人力資源實務規矩是：經理人不應該對被解雇的員工提供覓職時的推薦信，或是同意在他們的覓職應徵函中被列為供潛在雇主洽詢的參考人，這同樣是出於擔心被控告。其實，你可以坦誠地告訴他們，你將在推薦函或被洽詢時提供什麼參考意見，讓他們自行決定要不要請你寫推薦信或當洽詢參考人。

我向來採行這種做法，例如，我告訴即將離職的員工：「好，我們已經確立一點，你不適合當團隊領導人，這沒關係，你是個優秀的工程師，我將很樂意推薦你的技術才能，但若你需要找人讚賞與推薦你的管理技巧，我不是一個好的選擇對象。」

前文提過，我曾經幫一位程式設計師在蘋果公司找到工作，那不是特例，我總是積極地向其他公司推薦我們的離職員工，許多人在別處獲得很好的發展。他們不應該帶著「被解雇」的恥辱，當某人被解雇時，並不涉及任何武器，他們不是被殺死了，到底是誰率先把「終結」（terminate）這字眼用到被解雇者的身上呢？在甲公司不適任的人，換到乙公司，搞不好是個難得的珍貴人才呢。很多時候，就連我認為不是很優秀的人，後來也變得非常成功，因為他們找到了合適他們的工作。

我最喜歡的案例之一是一位我非常喜愛的設計師，她後來找到一個非常合適的新工作。她在 Netflix 創立初期就進入公司服務，歷經了公司的許多變遷，工作賣力得不得了，非常能幹，但是，隨著公司的產品設計改變程度愈來愈大，她的技能已經不再那麼適用。要讓她離開公司，真的很難過，我告訴她：「別跟我斷了聯絡，好嗎？有需要的話，儘管找我。」她離開 Netflix 後，立刻在矽谷最優秀的公司之一找到一份很棒的新工作。有一天，我去微軟公司會見人力資源部門主管，在大廳等候時，看到這位設計師路過，我叫住她：「女孩，妳怎麼會在這裡？」她告訴我，她來面試另一份新工作。我們愉快地聊了好一會兒，微軟的人力資源主管出現時，那位設計師和我熱情地擁抱道別。我隨著人力資源主管離開時，她對我說：「嘿，我知道妳向來積極於解雇員工，且往往和他們保持密切聯繫，妳是怎麼做的？舉個例子吧，說說妳解雇後仍然保持好關係的某人。」我說：「噢，妳剛才看到跟我在一起的那位女性，她就是以前被我解雇的。」她說：「啊，她跟妳擁抱呢！」我告訴她：「是啊，我以前喜愛她，現在仍然喜愛！」

擁抱並實踐公司文化

積極於解雇員工，無疑是最難的實務之一，也是經理人最難適應與自在的一個 Netflix 文化成分，但大多數 Netflix 經理人最終都做到了。

我最喜歡的 Netflix 前同事之一約翰・席安卡提，精闢地剖析他在 Netflix 歷經的轉變，他告訴我：「Netflix 要求我們的運作與管理模式，完全不同於一般工作打交道的模式，包括不告訴員工殘酷真相，因此，在 Netflix，你必須對抗你的直覺。我真正學會擁抱 Netflix 模式，是在我錄用了一個傢伙之後，從履歷表看來，這傢伙超優秀，在面試時壓倒性地脫穎而出，但在 Netflix 的環境中，他表現得並不好，不是個優秀的執行者，在 Netflix，光是聰穎還不夠，你必須完成很多事。儘管他是個很搶手的人才，但我理解到這項事實，只得讓他走人，這是因為我擁抱 Netflix 文化，並且相信讓他離開是我應該做的正確之事，所以，我就義無反顧了。」

潔西卡．尼爾是 Netflix 的人才招募副總，後來離開 Netflix，現在任職優秀的新創公司 Scopely，該公司執行長非常創新導向，想打造兼顧自由與責任的公司文化，潔西卡幫助該公司經理人學習積極強化他們的團隊。她告訴我，該公司的一些團隊表現不錯，但不優異，她幫助團隊領導人看出必須做出什麼改變，她說：「他們告訴我：『噢，天哪，我的團隊會議變得更好了，我們的行動更快速了，我以前都不知道我們的速度那麼慢。』」

任職 Netflix 時期，我最喜歡的時刻之一是，離職前不久，久未謀面的副總凱文・麥安提（Kevin McEntee）安排和我見面商談。見了面，我問他什麼事，他說他打算讓他底下的一位團隊領導者離開，她在公司服務已久，但我們正在漸漸淘汰她做的事務。他告訴我：「我已經跟她談過了，過去幾個月，我們一直有討論這事，因此，她知道。我們打算讓她做到星期五，我今天早上十點將和她談，然後讓她來找妳，我知道她想和妳道別。接著，我會親自召集她的團隊成員，跟他們說這事，之後，我會發一封電子郵件給所有其他團隊，今晚，我會把這事告知管理團隊的其他人，免得他們驚訝。我知道我們應該告訴所有人：她很優秀，在公司表現傑出，但她要離開了。」他說完後，我只說了一句：「很高興我可以幫得上忙！」他笑著說：「哎，我也不知道我為何來找妳。」我說：「不，你來找我，我很高興，你自己把這一切做好，令我引以為傲。」

第二個星期，另一位經理人來找我，說「我的團隊裡有個人有問題」，我告訴他，他應該去找凱文談談，他說：「可是，我找的是妳。」我告訴他：

「其實，跟另一個領導人談談，你會對我們的文化運作有更多了解。」

當經理人擁抱公司文化與實務，就更容易灌輸全員對公司實務的信念。公司的優秀團隊建立者密度愈高，就愈能有機地普及實務。

我自己親身實踐

我宣導這些，並非只是因為看到這些實務發生在他人身上的有益結果，我本身也歷經了這種認知到該積極往前走的過程，例如轉進至瑞德的 Pure Software 公司，儘管這麼做對我而言是很困難的選擇，但我還是做了。後來，在 Netflix 共事時，瑞德和我都認知並接受一個事實：該是我要離開的時候了。跟其他辛苦奮鬥、幫助打造引以為傲的事業的任何人一樣，想到要離開，我很難過，或許，最難過的部分是展望一個令人振奮的未來，而我卻不是那未來的一分子。我雖有過許多次這種經歷，仍不能倖免於這種情況下的感傷，但我非常敬重瑞德選擇其未來團隊的一貫紀律。

我非常喜愛在 Netflix 度過的十四年，我對我們的成就引以為傲，感到欣慰，尤其是我們塑造的文化。但我現在也很高興有機會和其他公司分享我學到的洞察，尤其是和許多聰穎、富有創造力的新創公司創辦人分享這些東西。看到許多的 Netflix 人離開，迎向新挑戰，令我振奮不已，現在，我也雀躍於應用我學到的啟示，來幫助其他組織找到向前邁進的途徑。

瑞德和我溫暖揮別，我們一起狂放愉快地奔馳了一段旅程，雖分道揚鑣，但我們是永遠的朋友。現在，提起 Netflix 時，我仍然使用「我們」這字眼，大概以後也會一直使用這字眼，這本書是我在 Netflix 的經驗及實驗的直接成果，我將持續關注追蹤該公司的成功及公司裡的人。看到 Netflix 贏得那麼多獎項，成為娛樂業的要角，我非常高興，Netflix 不會停下前進腳步，我也一樣。

近年間，許多有關勞動市場的媒體報導悲嘆終身雇用的消逝，現代職場上的顛沛流離對員工及其家庭構成巨大壓力與成本，或是導致太多人陷入窮困，那麼多有技能且工作勤奮的人失去有意義、有報酬的工作，這是嚴重問題，企業界及我們的政治人物必須謀求更有效的解決之道。在現今競爭激烈、變化多端的商場上，公司及個人的最佳競爭之道是變得敏捷，確保發展出在未來獲致成功所需要的技能，取得必要歷練經驗，我們全都應該積極地前瞻，為前路做準備。

經理人隱瞞殘酷真相、等到最後一刻才解雇員工，或是把他們塞到他們不想要或公司其實不需要的職務角色上，這不是對員工最有助益的做法，這麼做，將削弱個人及整個團隊的能力與幹勁。員工有權即時得知他們的前途真相，公司與經理人應該對他們完全誠實，支持他們尋覓新機會，這才是確保他們及你的團隊繼續興旺的最佳之道。

＊＊＊

想變得更善於應付及溝通真相，需要練習及勇氣，需要發揮你個人的力量，這是永無止境的一項工作，因此，你必須立刻開始！

摘要

- 你必須讓你的員工能夠看出他們的才能及熱情所在，是否和你公司邁向的前景相適配，好讓他們研判自己是否更合適於別家公司。
- 公司應該讓員工經常得知與了解他們的工作表現好不好，就算你的公司無法廢除年度績效評量制度，你也應該建立更頻繁的績效表現檢討。
- 若你的組織有可能廢除年度績效評量制度，請嘗試！年度績效評量非常浪費時間，且可能阻礙即時提供有關績效表現的資訊。
- 績效改進計畫（ＰＩＰ）應該以幫助員工改進績效為真正且唯一的目的，否則就應該廢止。
- 你被解雇員工控告的可能性很小，尤其是，若你盡責地經常和他們溝通他們的績效表現問題的話。

- 公司往往對「員工投入度」失焦，高員工投入度未必代表高績效，目前職務工作上的高績效也未必代表在未來的職務工作上能展現高績效。
- 善用我建議的演算法（一個簡單法則）來做人事決策：此人愛做、極擅長做的事，是否正是我們需要他（她）精熟之事？
- 所有經理人都能夠積極幫助他們的現有團隊成員尋覓新的工作機會，揮別員工未必要搞得不愉快。
- 更頻繁地做績效評量反饋及團隊重塑工作的經理人將明顯看出，這麼做對績效表現有問題的個別團隊成員和整個團隊的績效都更有幫助。

思考問題

- 冰球界知名教練史考第．鮑曼對其領導的球員，每賽完十場就做一次一對一個人表現評量與檢討，你對你的團隊成員能夠採取怎樣的類似做法呢？
- 根據團隊目標標竿里程碑截止日來訂定檢討反饋的頻率，例如，在計畫的各部分階段完成時就進行檢討反饋，這是否比經過一段更長時期後才進行制式評量反饋更有效、更有道理？
- 你可以諮詢其他團隊的誰，為你的團隊成員的績效表現提供反饋意見？
- 你能有把握地說，你的每一個團隊成員做的都是他們熱情所在的工作，並且精熟於你需要他們做的事嗎？若否，你能否和那些不是在做熱情所在的工作、技能不精熟的團隊成員討論，他們可以考慮的公司內或公司外其他工作機會？

- 你是否和其他公司的經理人建立關係人脈，讓你在必要時可以向他們推薦你現有的團隊成員？
- 你是否跟進了解其他公司的營運及人事變化，以掌握它們可能為你的不適任員工提供工作機會的訊息？

結語

獨特、清楚闡明、且富有魅力的 Netflix 公司文化，幫助招募人才的經理人及我的團隊，縱使在面對激烈競爭下，仍得以一貫地招募到優秀人才。我和 Netflix 的前人力資源副總潔西卡．尼爾談到這點時，她說，優異的公司文化應該是：「公司文化是公司的營運策略之一，若員工相信它是一種策略，它很重要，他們就會幫助你深入思考它，並做出嘗試。」

潔西卡在她任職的新創公司嘗試調整應用 Netflix 文化，她和我分享她在過程中獲得的一個精闢洞察：「你不能一舉推動所有變革，你必須選擇合適的起始點，就像事業營運的其他層面一樣，你必須安排事項的優先順序。」這番話使我想起我的主張及做法：以相同於產品管理的方法來做人事管理。在 Netflix，我們一次做一步，先是進行測試，犯了一些錯，重新思考，再嘗試。在我任職 Netflix 的十四年間，我們積極致力於發展 Netflix 文化，我相信，瑞德及其團隊將不會停止這麼做。

從事顧問服務業，最令我快樂滿足的一點是得知，從只有二十名人員的新創公司，到非營利性質的基金會，到歷史最悠久、最受推崇的公關公司之一，許多組織領導人渴望學習新的工作模式。我最近對智威湯遜廣告公司的一群高階主管演講，這家一百五十二年歷史的公司為可口可樂製作的一個電視廣告剛贏得獎項，在廣告中，一個年輕女孩從她家廚房窗戶望出去，被一位正在清洗游泳池的年輕帥哥撩到，她的同性戀弟弟從樓上臥室窗戶望出去，同樣被那位帥哥撩到。姊弟倆爭先恐後，搶著拿一瓶可口可樂去找那位帥哥搭訕，兩人衝到游泳池邊，發現他們的媽咪竟然捷足先登。我得知，那個廣告是智威湯遜的阿根廷分部製作的，那是一個相當小的單位，精實而勇於創新，邀請我前去演講的智威湯遜執行長塔瑪拉．英格蘭姆（Tamara Ingram）希望公司持續強化這種創新冒險精神。她在演講後對我說的話，道出分享自我的企業文化打造經驗的宗旨：「妳講述的經驗故事幫助我們看出自身可以如何採行不同的做法。」

這種過程是漸進式的，跟自然界的進化過程一樣，一些改變將不合適，你必須再嘗試；一些人將對改變感到不安、不自在，有人會抗拒，有人可能決定離去。在 Netflix 運行得很好的一些實務，可能不合適你的組織，或至少不會立即奏效。我經常幫助公司創辦人及執行長規畫，如何以最適合他們公司的方式著手推動變革，讓他們能夠打造出自己版本的自由與責任並重的文化。

漸進實驗，容許變動，這點很重要，不同的團隊領導人可能以不同方式採行新實務，團隊以及整個部門可以有它們本身的文化，但加入共通的基本認知。潔西卡說，Netflix 文化「普及整個公司」，這一點深得我心，工程部門的文化雖不同於行銷部門的文化，也不同於 Netflix 洛杉磯內容創作部門的文化，但我們最終在基本認知上達成一致。

我毫無保留的一個建議是：務必把人力資源部門人員當成你的夥伴，你必須向他們強調，你希望他們當個真正的事業經營夥伴。人力資源部門人員必須首先自視為、也被視為商人、生意人，這樣，公司管理團隊的其他成員才會很自然地邀請他們出席會議，或請他們指導招募人才的經理人如何面試應徵者，如何對部屬提供反饋意見，團隊領導者才會虛心接受他們的意見，而不是把他們視為專門監督、挑剔員工毛病的人。你公司的人力資源部門人員是否知道公司營收的三大驅動因子？他們是否知道公司的前四大競爭對手？他們是否知道即將顛覆你公司所在市場的技術？告訴他們這些東西，若他們不想知道，換掉他們。

文化變革要成功的另一塊基石是，誠實告知員工公司面臨的挑戰，以及公司事業的發展演進性質。在 Netflix 的一次公司會議中，瑞德接受發問，某個員工站起身，說：「我認為該是解決畏懼文化的時候了。」當時，我們正面臨網路公司榮景結束後的嚴重經濟衰退，人們預期公司將裁員，我們很清楚這勢在必行。那位站起來發言的傢伙當天稍早剛做了一場簡報說明，主張我們不能只對 Netflix 的產品做出小改變，我們必須攀登高山。瑞德借用這個比喻，他說，心裡感到些許害怕，或許並非壞事，當你攀登富士山或喬戈里峰那樣的高山時，你必須攜帶氧氣筒，攀登高山令人畏懼，但若遇上暴風雪，你可以返回營地，沒人會說你是失敗者。我喜歡這個比喻和這番話，因為它不僅貼切地表達我們正在從事一項涉及挫折的艱巨挑戰，也道出我們正在從事偉大的探險。

關於在你的組織中塑造自由與責任並重的文化，我可以向你保證的一點是，員工的反應將會使你鼓舞振奮。當員工覺得他們更有能力，更能掌控自己的職涯時，他們會覺得更有信心——更有信心多發言，多冒險，犯錯後再度站起來，擔當更多責任，他們的表現將令你驚奇。想像你的組織充滿知道自己有能力的員工，想像他們能夠更快速做出更好的判斷，想像他們將提出出乎你意料之外的點子，想像你們更坦誠對待彼此，會是什麼模樣。

不斷提醒自己，人們有能力，你的職責不是在賦予他們能力，而是應該賞識他們的能力，把他們的能力從保守迂腐的政策、核准流程、繁瑣程序中釋放出來，相信我，他們將變得很強大。

謝辭

感謝 Silicon Guild 出版公司提議撰寫這本與傳統之見迴異的著作，才有這本書的問世。Peter Sims 不僅說服我相信我有值得一書的訊息，也和我討論前面幾章，一路鼓勵我，把我介紹給 Emily Loose。

Emily Loose 是本書的編輯，但她的貢獻遠不止於此，我們一起把我的話與故事轉化為我必須傳達的訊息。Emily，沒有妳，我寫不出這本書。

我的發行人 Piotr Juszkiewicz：感謝你持續不斷的鼓勵、嘮叨、誠實及友誼，使本書得以寫就問世。

感謝 Hilary Roberts 的審稿，感謝 Loraine Perez 協助維持我的生活秩序。

一些人撥冗閱讀本書初稿，特別感謝 Tom Rath 提供的寶貴洞察與意見，也感謝下列人士：David Martin、Ted Swann、Larry Dlugosh、Ori Brafman、

Laura Mion、LeeAnn Mallorie、Maria De Guzman、Charles Dimmler、Gabrielle Toledano、Nathan Vogt、Eric Kettunen、Keith Arsenault、Frank Fritsch、Aileen Garcia、Jessica Krakoski、Matthew Rosebaugh、Barbara Henricks、Yongwei Yang，以及 Dennis Doerfl。

和瑞德・哈斯汀十多年的共事關係中，我學會對諸事產生疑問，像創新者般地思考與探索。Netflix 是最棒的實驗室，特別感謝過去與現在的 Netflix 員工，感謝他們持續聚焦於公司文化及共同協作，也感謝他們讓我對外分享他們的一些故事。

我的母親和姊姊優秀堅強，是我一貫的楷模，我的孩子 Tristan、Franny，以及 Rose 激發我為了他們而追求影響職場的未來。

最後，Michael Chamberlain，感謝你相信我。

國家圖書館出版品預行編目(CIP)資料

給力：矽谷有史以來最重要文件 NETFLIX維持創新動能的人才策略／珮蒂・麥寇德（Patty McCord）著；李芳齡譯.
-- 初版. -- 臺北市：大塊文化, 2018.09
面；14.8x20 公分. -- (touch ; 66)
譯自：Powerful : building a culture of freedom and responsibility
ISBN 978-986-213-915-8(平裝)

1.人力資源管理 2.企業管理

494.3　　107013152

LOCUS

LOCUS

LOCUS

LOCUS